U0383449

室内设计师.37
INTERIOR DESIGNER

图书在版编目(CIP)数据

室内设计师. 37，建筑改造 / 《室内设计师》编委会编.—北京:中国建筑工业出版社，2012.9
ISBN 978-7-112-14667-3

Ⅰ. ①室… Ⅱ. ①室… Ⅲ. ①室内装饰设计－丛刊
Ⅳ. ①TU238-55

中国版本图书馆 CIP 数据核字 (2012) 第 215698 号

室内设计师 37
建筑改造
《室内设计师》编委会 编
电子邮箱：ider.2006@yahoo.com.cn
网 址：http://www.idzoom.com

中国建筑工业出版社出版、发行（北京西郊百万庄）
各地新华书店、建筑书店 经销
利丰雅高印刷（上海）有限公司 制版、印刷

开本：965 × 1270 毫米 1/16 印张：11½ 字数：460 千字
2012 年 9 月第一版 2012 年 9 月第一次印刷
定价：40.00 元
ISBN978－7－112－14667－3
（22746）

目录

# CONTENTS

VOL.37


视点 | 建筑双年，细说从头 | 王受之 | 4

解读
建筑改造：喜新念旧 9
西班牙阿尔卡尼斯镇儿童中心 10
华南理工大学松花江路历史建筑更新改造 18
第二次机会培训学校 24
彩虹中的幼儿园 28
Kirchplatz 办公室 + 住宅 34
天津桃源居办公室改造设计 44
隐巷工作室 50
CARO 酒店 54
花间堂・周庄季香院 62
AMMO 餐厅 70
陈家山公园十里闻香楼茶会所 74
南宋古韵——凤凰山脚下的老建筑 80
方太桃江路 8 号厨电馆 92
外滩老码头 SOTTO SOTTO 奢侈品专卖店 98

论坛
生活演习——2012 建筑空间艺术展 | 王瑞冰 | 104
王澍，差异性的文化视野 | 叶 铮 | 112

教育 | 设计师的摇篮 专访江南大学设计学院环境与建筑设计系主任杨茂川 | 徐 纺 | 114

实录
南山婚姻登记中心 122
蒙特穆洛老人院及健康中心 130
A21 住宅 136
L 形住宅 144
橘色明星：锦江之星横店影视城店 152

纪行 | 提前感受北海道 | 158

场外 | 张应鹏：“非”之语境 | 163

专栏
纽约的光与色 | 唐克扬 | 170
凡尘里的现代性 | 谭 峥 | 172
搜神记：路易斯・康 | 俞 挺 | 174

链接
中国（上海）国际时尚家居用品展览会 176
Foster + Partners：建筑之艺术 177

# 建筑双年，细说从头

撰　文 | 王受之

2008年建筑双年展——在彼处：超越房屋的建筑

一个城市，凭自己的特殊的历史建筑、街道，再加上五、六个艺术展览、活动，就能够营造出世界一流的旅游产业，事实上威尼斯就是这样在运作的。六个艺术活动是一整套组织的，包括单年举行的威尼斯艺术双年展、双年举办的威尼斯建筑双年展、每年举行的威尼斯电影节、舞蹈节、戏剧节、威尼斯嘉年华，经年轮回，热闹非凡。在这些节日活动中，嘉年华自文艺复兴就有，是威尼斯自己人的活动；始于 1895 年的双年展则基本是一个艺术交易会，和巴黎的春秋沙龙类似。双年展本身是一个政府机构，成立之初，威尼斯市长担任双年展主席兼秘书长，1920 年开始主席转为由政府任命；1930 年把组织权从地方议会交到了国家政府手上，此后的董事会董事一直由政府任命。1968 年西方掀起反权威的文化革命，激进主义思潮非常活跃，波及到威尼斯，那年秋天，威尼斯的学生、学者在圣马可广场与"绿园城堡"(Giardini) 阻止了这一年双年展的开幕，抗议双年展已经沦为只有少数人能够参与的"精英文化"，是反社会的。双年展从那时开始全面走向试验性艺术，建筑双年展跟着也组织起来，试验性更加强。双年展机构也不得不改革：组成了"混合型"的新董事会，政府、地区组织、商会、双年展工会各有代表参加，双年展主席和部门策划人都由董事会推荐指定。到了 1998 年，双年展改注册为"威尼斯双年展文化公司"，而双年展主席由文化部提名。威尼斯的这六个活动都是由双年展公司来运作的。

双年展表面看是个展览，私底下则是建筑界、设计界、评论界兵戎相见的场所。双年展开幕之前有三天的预展，并且有酒会，叫做"vernissage"，西方评论说这是艺术界、建筑界中不同派别的重要的大聚会，说是个酒会，其实是火药味十足的场所。"vernissage"上经常爆发行业歧见的冲突，那些艺术家、建筑家、评论家酒不过三巡就开始红着眼睛要打架了。酒会中有大量威尼斯特产的鸡尾酒（bellinis），是火上浇油的好材料。三天的预展是双年展各路人马"亮家伙"的时候，反而开幕之后展览中那些后辈膜拜前辈的感叹、粉丝的追逐、求签名求电话号码，都是业余对专业的事，过眼云烟而已。

建筑双年展的试验性很强，往往和形式的关系密切过和建筑本身的关系。照常理来说，建筑起码应该是令人舒适、欢愉的空间，人与空间的关系应该是基本要求，但是在双年展上，往往看到正相反的情况——被策展人吹上天的杰作，绝大部分是让人很不愉快的空间、结构，还有一些则是根本无法使用的空间。建筑展在很大程度上是非功能性建筑结构展，扭曲僵硬的形象、空洞的说辞文本、大屏幕上魔幻的图像和精心使人看不懂的镜头片段都在消耗你的耐心，300m 长的"军火库"展厅（Corderie dell'Arsenale），实在是对人的忍耐力的一次长征式的熬炼。

提到"军火库"，也是很有意思的一个场地。这个"军火库"原来就是威尼斯共和国海军的总部所在地。15 世纪这里是海军船坞，造船、军舰补给及维修的地方，存放大量的军械、军火。现在的人去看这个建筑群，倒有点像个要塞城堡，其实那里相当于 15 世纪的"五角大楼"，地位举足轻重。1895 年威尼斯双年展开设以来，一直是在"绿园城堡"举办的，那是一个 19 世纪沙龙画展式的传统建筑，据说早在拿破仑时期就建造了。在不大的一片园区中散布着双年展的主展馆以及百年间陆陆续续建成的几十个国家馆，国家馆被看作是威尼斯双年展和其他同类型展览的最不同的地方，威尼斯双年展出名大概也因为这个特殊的展区。1980 年设立建筑双年展，因为"绿园城堡"内外面积都不够用，因而扩展到"军火库"，因为这个展场空间大，也和居民区有相当距离。这样，双年展就有两个主要场所了。"军火库"成了建筑界的一个"龙门"，一个"镀金"场。而对学习建筑的人来说，这里是近距离接近名师的地方。

双年展本身是对建筑行业发展的一次审视过程，也是提供一个看大师、看热闹、窥探发展方向、了解设计行情的机会，如果回顾一下

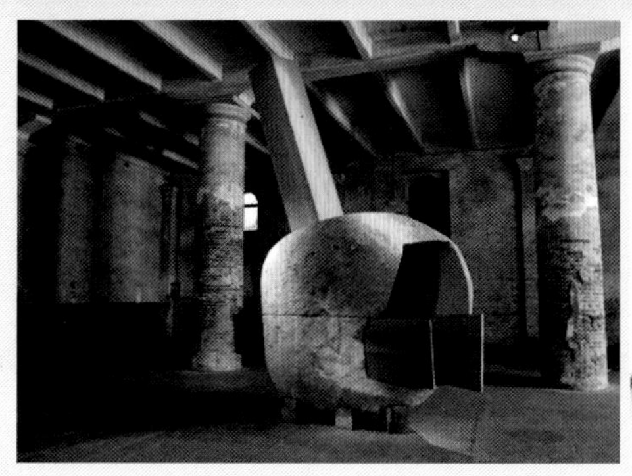

2010年建筑双年展——人们在建筑里相遇

建筑双年展这几十年的历程，对于当代建筑发展的脉络可以看得比较清晰。

早在1968年大学生闹事、催生建筑双年展的时候，建筑展是作为抽象艺术展的一部分组织的，没有独立性。第一届展出四个建筑师佛朗哥·阿比尼（Franco Albini）、路易斯·康（Louis Kahn）、保罗·鲁道夫（Paul Rudolph）与卡洛·斯卡帕（Carlo Scarpa）的设计图纸、建筑模型和建筑照片。1972年也是展示了四位建筑师的作品，包括当时已经过世了的赖特（Frank Lloyd Wright）、勒·柯布西耶（Le Corbusier）、路易斯·康与日裔美国设计师、雕塑家野口勇（Isamu Noguchi）。作品是他们设计的未来威尼斯的建筑，是建筑概念展，比第一届显然更加接近建筑本身了。1974年威尼斯双年展董事会委托意大利建筑师Vittorio Gregotti策划，他趁此机会建议在威尼斯双年展增设建筑部，他策划的建筑展具有强烈的探索性，之后就逐步演变成威尼斯建筑双年展。那一年策展主题是在威尼斯的吉伍德卡岛（Giudecca）上改造一个废弃的工厂，参加的建筑师提出改造设计方案，有三十多个建筑师在这一届双年展上展出了改造方案。除主题展外，此次展览中还策划了其他几个命题展，比如德国"工作联盟1907"（The Deutscher Werkbund）、"理性主义（rationalism）与法西斯时期的意大利建筑、老城中心展、郊区化展，这次策划使得建筑相对艺术独立出来，因而大家都公认Gregotti是建筑双年展的奠基人。

1980年，Paolo Portoghesi担任正式的第一届威尼斯建筑双年展策展人，也是他和军方联系使用了长316m、宽21m、高近10m的"军火库"。那一年的建筑展主题是"过去的呈现"（The Present of the Past）。1980年是后现代主义刚刚走向高潮的时刻，因而很容易出现这样的主题。策展对现代建筑忽视历史文脉进行了反思。主要展品叫做"主街"（main street），是一组由20个7m×9.5m大小的建筑立面所组成的人工布景，遵循了后现代建筑的"布景式"原则，20组立面共组成了约70m长的"街道"，沿着"军火库"长长的轴线形成了一种极为戏剧化的效果。每个立面由一位建筑师设计，而其中许多都是后现代主义建筑的代表人物，如汉斯·霍莱因（Hans Hollein）、罗伯特·文丘里（Robert Venturi）、矶崎新（Arata Isozaki）、弗兰克·盖里（Frank O.Gehry）、雷姆·库哈斯（Rem Koolhaas）等等。我们都记得霍兰的作品，由多组多立克柱子组成，其中一个柱子被半悬在空中，而另一个柱子复制了阿道夫·路斯（Aldof Loos）为《芝加哥论坛报》设计的巨柱式高层办公楼的形式。这次展览除了"主街"之外，还包括三位20世纪大师的作品展，比如菲利普·约翰逊（Philip Johnson），另外还有一个恩涅斯托·巴希尔（Ernesto Basile）的回顾展。

2012年建筑双年展——共同基础

两年之后，Paolo Portoghesi 继续策划了第二届建筑双年展。题目是“伊斯兰国家的建筑”（Architecture in Islamic Countries），主要展出二战之后伊斯兰建筑师的作品。他在策划中提到伊斯兰建筑“关注环境文脉、精神内涵以及对社会基本需求的回应，是与现代建筑的冰冷外表以及自我指向（self-referential）的元素相对立的”。这次策展的构思依然是用伊斯兰建筑作为借鉴推动后现代主义。埃及年轻建筑师哈桑·法蒂（Hassan Fahty）引人注目。西方建筑师在伊斯兰国家的设计也参展，其中比较突出的有如路易斯·康（Louis Kahn）在孟加拉国达卡设计的政府建筑大楼的作品模型。

1985 年 Paolo Portoghesi 推荐阿尔多·罗西（Aldo Rossi）担任建筑双年展策展人。罗西也是当时风口浪尖上的后现代主义大家，注重历史文脉的再演绎，因此在这一届双年展上他邀请著名建筑师和初出茅庐的年轻设计师展示他们为威尼斯古城的更新与改造所作的设计与构想，场地、问题都是真实存在，而方案则是虚拟、概念的。

建筑双年展不像艺术双年展那样规律，因为资金筹备不容易，在开始的时候有点开开停停。建筑双年展的经费在第四届之后颇为紧张，五年没有举行，到 1991 年第五届威尼斯建筑双年展才终于与公众见面。策展人是理论家弗兰西斯科·达科（Francesco Dal Co），他是前卫设计杂志《Casabella》的主编。达科参考了艺术双年展的模式策展，扩大建筑展吸引力，首次邀请了国家馆成为展览的一部分。这一次有奥地利馆的“蓝天组”参展，美国馆是解构主义建筑师彼得·埃森曼（Peter Eisenman）与弗兰克·盖里的作品，瑞士馆则推出赫尔佐格与德梅隆事务所（Herzog & de Meuron Architekten）回顾展。从此，国家馆的参展也成为了建筑双年展的传统之一。如果从建筑史的时序来看，这是在国际大展中第一次全面推出解构主义建筑，从此，解构主义开始作为一个独立的建筑运动，从原来混淆在后现代主义中逐渐清晰起来了。仅仅从这一点来看，达科理论眼界之高，的确令人叹服。

第五届建筑双年展筹备的时候，达科还组织建筑师提出修复双年展现有的场地、场馆，目的是更新和维护古老的基础设施。虽然方案很多，但是最后建成只有一件，就是由当时英国后现代主义建筑师詹姆斯·斯特林（James Stirling）设计的位于“绿园城堡”入口的书店，这个建筑现在还在，是双年展的图书馆。那一届展览中，达科还策划了 40 位意大利建筑师的联展，组织了 43 所建筑学院的作品展，这一届展览无论从理论高度、设计广度都是史无前例的。

再过了五年，姗姗来迟的第六届建筑双年展在 1996 年开幕。策展人是奥地利建筑师汉斯·霍莱因，这是第一位非意大利籍策展人。展览的主题为“感知未来——作为地震仪的建筑师”，提出两个议题：传统建筑、传统城市和未来如何用新技术联系起来；议题二是反对单一建筑学派固步自封，这里有明显的对后现代主义开始清算的动机。这届双年展推出了后来所谓的“明星建筑师”（Starchitects），到 21 世纪就成了普遍现象了。“大腕”建筑师弗兰克·盖里设计的西班牙毕尔巴鄂古根海姆博物馆方案展出，引起建筑界对解构主义广泛的兴趣。这届双年展还有安藤忠雄、扎哈·哈迪德（Zaha Hadid）、诺曼·福斯特（Norman Foster）、菲利普·斯塔克（Philippe Starck）、库哈斯等一大批明星的作品。用“涌现的声音”（Emerging Voices）主题推出新人，比如瑞士建筑师卒姆托（Peter Zumthor）、荷兰新锐建筑师本·凡·贝克（Ben van Berkel）、日本女建筑师妹岛和世（Kazuyo Sejima）、纽约设计小组 Elizabeth Diller and Ricardo Scofidio，这些人日后都成了大师。这段历史，后来被很多建筑师视为双年展具有镀金功能的证据。这次双年展也是第一次给获奖建筑师授予金狮奖。第五、第六届展览标志着建筑双年展从制度上与形式上逐渐趋于成熟和稳定。

由于严格的古建筑保护法律规范，“绿园城堡”展区已经很难再进行新的建设项目；进入 21 世纪以来，主要的展览集中在“军火库”，

2012年建筑双年展扎哈作品

那里的旧厂房不断被更新用于安置新的展览空间，建造新的国家馆，展览主题更加多元化。2000 年第七届建筑双年展的主题是“少些美学，多些道德（Less Aesthetics, More Ethics）”，策展人是意大利建筑师 Massimiliano Fuksas。他用巨型屏幕展示了 20 个当代巨型城市的图景，当时的全球经济膨胀、文化平庸、老城衰败，成了国际性的困境，建筑面临的问题不是“美”，而是基本的道德底线了。

2002 年第八届建筑双年展，策展人是英国建筑评论家 Deyan Sudjic，主题叫“下一个（Next）”。这一届的展览更加关注建筑物本身，内容很实在，天马行空的概念少了，平实近人多了。建筑被按照类型划分组成展览的不同部分：独栋、单层联排、集合住宅，高层综合建筑，博物馆、剧院、教育类型的公共建筑，商场为主的商业建筑，等等。在高层综合建筑中颇有看点，很多著名建筑师都展出了 1:100 尺度的实体模型。这次的双年展重实际的特点很突出，对建筑材料的重视就是一个明显的例子。所有参展的人都必须展示设计使用真实材料的建筑局部，因此展览上有各种砖、玻璃，金属构件，这和以前几届仅仅展示图纸与石膏模型大相径庭。

2004 年第九届建筑双年展的策展人是瑞士建筑评论家 Kurt W.Forster，主题是“变形（Metamorph）”，探索了新的建筑技术与材料如何改变当代建筑。电脑技术、工程技术、材料科学已经促使建筑本身完成一次“变形”，按照这个技术促进变形的思路，展览内容分为几个部分：转换、地形、表面、氛围、巨构等等。纽约建筑事务所“渐近线”(Asymptote）重新设计了军火库原来长方形、纵线的展览空间，用延绵波浪式的曲面，创造出许多横切面组成新空间。

2006 年第十届威尼斯建筑双年展的策展人是英国理论家 Richard Burdett，主题是“城市：建筑与社会（Cities:Architecture and Society）”，与 2000 年的展览一样，焦点还是全球化背景下的大都市问题。不过这次展览没有邀请任何建筑师或艺术家参展，在城堡花园的意大利馆，来自 12 个国家的研究中心展示了他们有关城市问题的研究成果，呈现的是对当代城市系统的研究与分析。在军火库展区，巨型投影下的影像将全球范围内的 16 座超级城市变为了展览的对象。针对人口密度、城市扩张的速度、城市中的暴力以及衰落和城市交通与流动性的问题，通过详细的数据及其图像，将现在城市的真实状况呈现在参观者面前。当然，建筑界也有人批评这次展览是“社会地理学，而非建筑学的展览”。

2008 年建筑双年展的策展人是美国建筑评论家 Aaron Betsky，主题是“在彼处：超越房屋的建筑（Out There:Architecture Beyond Building）”，意在“指向一种‘非房屋’的建筑，从而面对社会的关键议题；展览要通过展示与场地相关的装置、影像及实验帮助我们理解并评估当代世界，在其中适宜的存在方式，而非展示房屋这建筑的坟墓”。建筑是有关房屋又“超越”房屋的一种存在。军火库的大仓库空间主要展示大尺度模型、装置作品，展览邀请一些前卫的建筑师和事务所展出自己的作品，比如 Diller Scofidio+Renfro，UNStudio，Greg Lynn 等等。

2010 年第十二届威尼斯建筑双年展，主题为“人们在建筑里相遇（People Meet in Architecture）”，策展人是妹岛和世。她是建筑双年展的第一任女策展人，并且在同年刚刚获得普利兹克奖。策展主题是非常难选择的，策展人一般是出一个题目，为了避免矛盾，多数策展人都选包容万象的题目，比如“变形”，基本等于没有题目；“少美多德”，也等于没说，有些评论家说那次的双年展展品反而缺乏道德底线，全部走形式主义方向，适得其反。妹岛和世选择了一个非常简单的说法：“人们在建筑里相遇”，其实有界定的作用：首先是要有人和空间的关系，不能够只有形式；其次是必须有建筑，不能够仅仅是个建筑构件，第三是人需要在建筑内部有互动：见面、聊天、说话、欣赏。这三点很厉害，因此第十二届双年展就有看头了。

2010年建筑双年展——日本馆

2010年建筑双年展——中国馆

妹岛在策划展览的时候就提到自己的想法："21世纪刚刚开始，许多彻底的改变正在发生。在这样一个快速改变的环境下，建筑本身是否可以使得当下的新价值观与新生活方式变得清晰？这次展览希望可以作为一次机会去体验建筑多种多样的可能性，同时说明其实现途径的多元化；而其中的种种都能代表一种不同的生存方式。"因此妹岛并没有将展览分为若干主题或某种逻辑顺序布置在不同场馆，她解释说："我们尝试去控制展出的节奏，而非某种概念性的联系……一些作品能在白色的空间（意大利馆）中闪耀，而另外一些则在军火库会表现更好。"军火库是座长而深广的建筑，以往的策展人通常以这个空间作为容器，在密闭空间中植入一个个体块，而妹岛却将大量的时间与精力花费在了整改这座建筑上，展览的每一个参与者都可以获得一个空间。妹岛说："建筑展览是非常困难的，因为我们不能展出实际的建筑物。所以，这次展出的目的是展示一系列的单独空间，而不是通常的微型建筑模型。"这一届双年展呈现了一种以前几届少有的清新感和条理感。

2012年8月29日，第十三届建筑双年展开幕，策展人是英国建筑师戴维·齐普菲尔德（David Chipperfield），他认为"建筑师这个身份和我们自己以及普罗大众之间没有共同的基础"，因此将本届主题定为"共同基础（Common Ground）"，希望能够展现出一种有活力、相互联系的建筑文化，在建筑所涉及的精神与物质领域提出讨论，拉近展览内容和建筑面对的对象之间的关系。齐普菲尔德是个纯粹现代主义建筑家，几年前我因为一个他在杭州设计的项目和他举行过一次对话，谈到了设计的方方面面，感觉他很理性，也很低调。这一届建筑双年展也因他而获得了一个不走极端的均衡面貌，关注普通人的生活，老老实实从地上做建筑。齐普菲尔德谈到，双年展是关于建筑而非建筑师的，对于公共空间的考虑应该被放置于建筑日程的最上方。他希望游客能够穿过中央展馆，然后被这一过程所震撼，从而了解建筑师是如何创作他们的作品，如何将他们的想法变成现实。展览的重点将是建筑的创新和研究，而不是最终产品。

55个国家分别在"绿园城堡"和"军火库"打造了国家馆，安哥拉、科索沃共和国、科威特、秘鲁和土耳其五国首次参展，103位成名已久的和新锐的建筑师、摄影师、艺术家、评论家和学者共襄盛举。这届建筑双年展评选出了两座金狮奖、一座银狮奖和四座提名奖，几乎都是关注普通人生活的项目。伊东丰雄策展的日本馆以"众人之家"(Home-for-all)为主题，关注日本震后的普通人的居所，获最佳国家馆金狮奖。展览的呈现方式以及随着展品呈现的当地居民的故事都使得展馆"独一无二，而且和普通观众有着切身关系"，组委会认为"它抓住了'共同基础'这一主题的精神"。最佳项目展览金狮奖则被授予了由Urban Think Tank和Justin McGuirk策展的对委内瑞拉首都加拉加斯非正式垂直社区的探讨项目"Torre David / Gran Horizonte, 2012"。通过一座墙壁上布满照片和故事的委内瑞拉风格的餐厅演绎一座烂尾楼中的自发社区形态。该社区中呈现出的废弃建筑的力量令人震撼，组委会对设计师发掘非正式社区的行动表示赞赏。

此次双年展，中国馆由建筑评论家方振宁任策展人，用"原初"这个主题阐释齐普菲尔德提出的"共同点"。方振宁认为该主题就是希望探讨最初拥有的共同的东西，因此，中国馆五件作品的设计者都被要求回到设计的最初状态，并将其抽象化地加以表现。

今年的双年展刚刚开幕，整个面貌还在逐渐展开，需要一些时间观看、研究、思索。两年一度的建筑大展，总能给人以启发和思索，我很期待这届双年展对于当代建筑的促进。END

# 建筑改造：喜新念旧

撰 文 | 李威

在许多欧洲设计师的履历中，“项目”这一栏里，除了公共空间、办公空间、酒店餐饮、商业住宅这些分类，往往还会有一个“renovation”，也就是老旧建筑改造再利用的项目。能够独立成为一类，在某种程度上，说明在欧洲改造项目的任务量是比较大的。形成这种局面的重要原因，一方面是在两次世界大战之后，整个欧洲对于历史建筑的保护情绪空前高涨；另一方面，即便建筑历史不够悠久，不能归入历史建筑行列，想要拆旧建新也要面临极其复杂繁琐的手续和漫长的磋商讨论，不大会像国内拆迁那样飞速地“摧枯拉朽”，因此，无论业主还是设计师，都要在如何妥善利用老旧建筑上动足心思。

而在国内，仅从“China”已被戏称为“拆哪”这一现象就可看出，无论是有历史意义而值得保留的建筑物，还是状况尚好的三五十年房龄的旧屋宇，甚至是新建不到十年的大楼，只要“有关部门”和开发商的大笔一挥，叫你今天房倒，明天便只剩废墟。或许正因为我们是“历史悠久的文明古国”，有这样多的遗迹、文物、历史建筑，似乎毁掉点儿不要紧。说国人现实，在这个物欲横流的时代，这种现实似乎已经变成了短视和功利。

因此，我们在做这期“建筑改造”的主题时，除了介绍国外新近的精彩改造案例，更希望找到更多优秀的国内项目，展示老建筑在高明的设计师手中，仍可焕发出动人的光彩。但不得不承认，这个寻找的过程，较之搜集住宅、精品酒店、办公空间或商业展示空间的项目要困难得多。

当然，也还是有积极的一面。无论如何，国内历史建筑的保护和再利用，以及对于非历史建筑的旧有优质建筑的再利用，都越来越受到全社会和设计行业的关注。国内狂飙突进式的建设潮已渐渐呈现平缓的趋势，而重拾文化传统和可持续发展的呼声也越来越高。对于现有条件下不能或不宜作为文物而原样维护保存的老建筑、建国后特定历史时期遗留下来的工业建筑，以及因各种原因废弃但结构状况和建筑质量均较为良好的普通旧建筑，如能将其妥当而合理地进行改造并加以利用，不仅可以保留历史进程中宝贵的人群共同记忆，同时更能节省大量的物质资料，对于生态环保和可持续发展，也是极大的促进。所幸，近年来，这样的项目还是越来越多了。以上海为例，前些年的1933老场坊、近期的外滩源、老码头等集群改造，都是可圈可点的案例。而在北京，从798等老厂区的改造再利用，到现在的普通四合院改造，项目的类型越来越多样化，空间效果也更加异彩纷呈。台湾对于老旧建筑的改造则走得更远，许多设计师在对空间结构和物料的重新规划之上，更注重对老房子所承载的时光和记忆有所保留和呈现。

贪新鲜是人类的共性，我们自然也无意阻挡任何人追求平地起高楼的快感。但喜新的同时，偶尔也回头看看，念念旧，应该也不失为一件乐事。毕竟，无论一个人、一个街区、一个城镇，乃至一个国家民族，如果没有过去、没有历史，也就谈不上有什么未来。END

解读

# 西班牙阿尔卡尼斯镇儿童中心

# REFURBISHMENT OF A MARKET HALL AS A CHILDREN'S CENTER ALCANIZ, SPAIN


撰　文　藤井树
摄　影　José Hevia
资料提供　César Rueda Boné


设　计　César Rueda Boné, Miquel Mariné Núñez
业　主　Alcañiz City Council
面　积　1 260m²
建设时间　2010年8月~2011年6月

西班牙阿尔卡尼斯镇的旧集市，已经多年不再作为集市所在地，但现如今在西班牙建筑师 César Rueda Boné 和 Miquel Mariné Núñez 的合作下，再次成为了城镇广场的一部分，成为一个具有社交及教育用途，并流淌着流逝时光的公共空间，改造后的新中心用作孩子们的游乐、学习以及生日派对场所。设计师表示："这个设计的前提是保留作为一个公共空间的旧集市，并尝试保持它原始的空间品质完整、不受损伤。"在一些旧有元素得以保留的同时，建筑内部的大量空间通过新建元素的引入，已重新与环境相连接起来。

主大厅里保留下来的两列整齐排列的柱子，漂亮的拱形，以及高屋顶占领了人们的大部分感官，使它看起来就像一个庄严的教堂。新元素的引入则主要通过使用轻量级的建造技术得以实现：上部结构由金属与薄木片构成，分割空间的结构由松柏木材和石膏板构成。地板表面使用绿色合成橡胶覆盖，创造出一个可供孩子长久游戏和活动的耐用空间。

在主大厅一侧，在柱子间，建筑师插入了两层的木结构，围成了不同层次、相对地彼此封闭隔离，却拥有连续不断的同质表皮的教育用途空间，包括几间教室和一个幼儿游乐园，这个区域同时也作为主大厅的入口及出口，使人在这些空间之间的流动更加方便。每个分割空间的外部纹理则通过木片的不同布置方式得以营造，木片或垂直于墙面，形成封闭外表面；或平行于墙面，形成开放的格子状外表面。

能在完整保留一个旧建筑设计的同时，还依然能独立于既有的建筑结构，创造出一些完全崭新与现代的东西，创造出这个开放、多功能的儿童中心，这是一次关于占用、尊重和可逆的演习。END

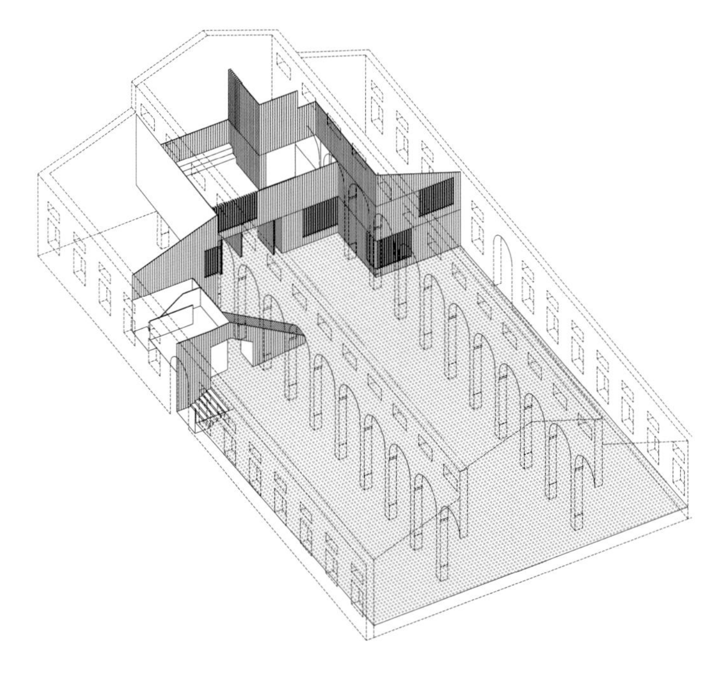

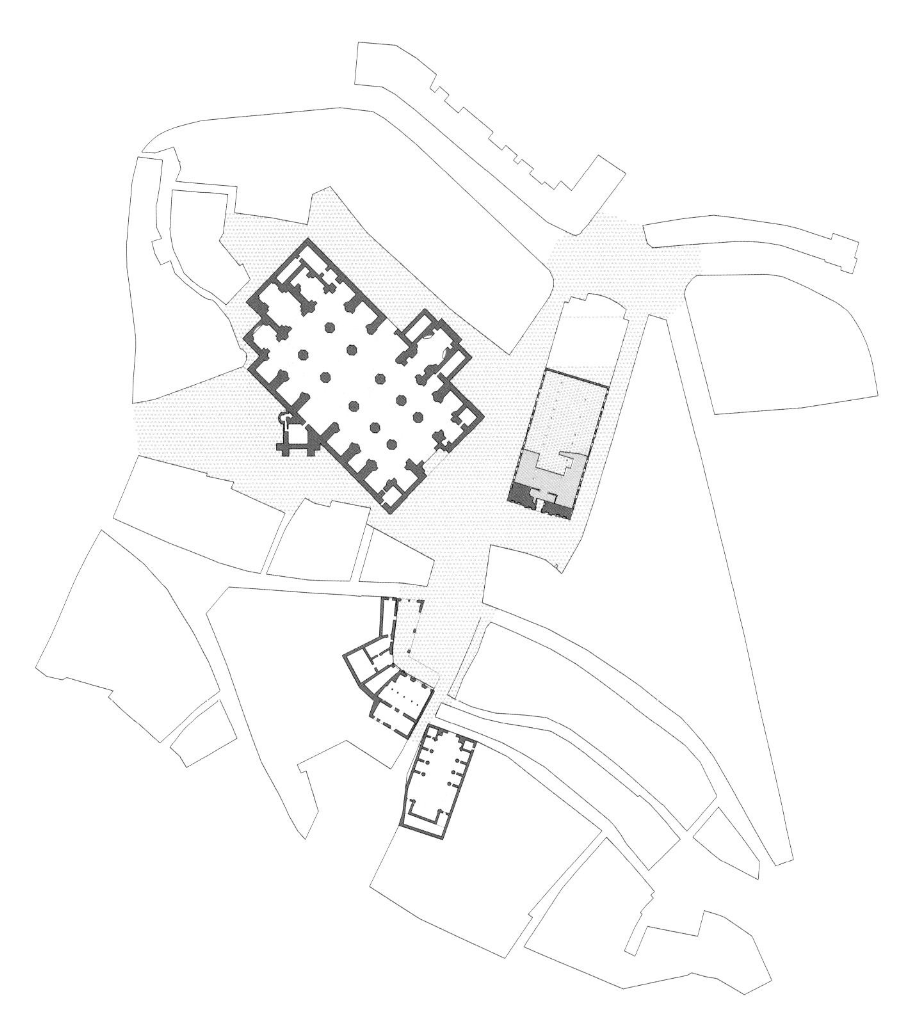

| 1 | 3 |
| --- | --- |
| 2 | 4 |

**1** 建筑外立面
**2** 轴测图
**3** 区位图
**4** 两层木结构，形成了教育空间和一个儿童游乐园。绿色合成橡胶地板，创造出供孩子长久活动的耐用空间

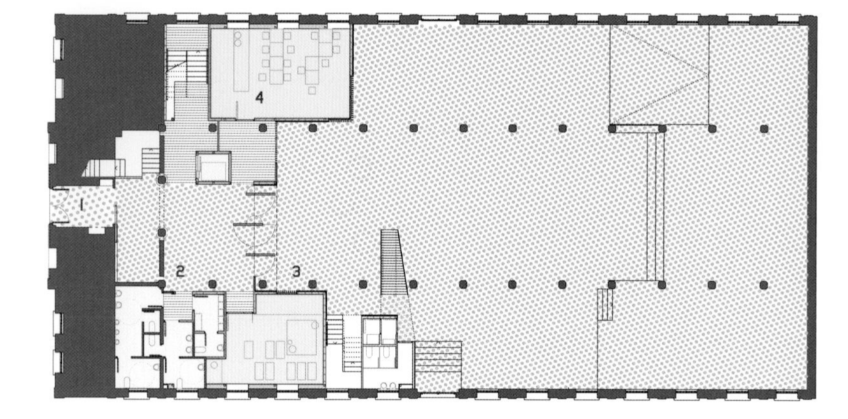


一层平面

1　入口
2　前厅
3　儿童游乐园
4　教室

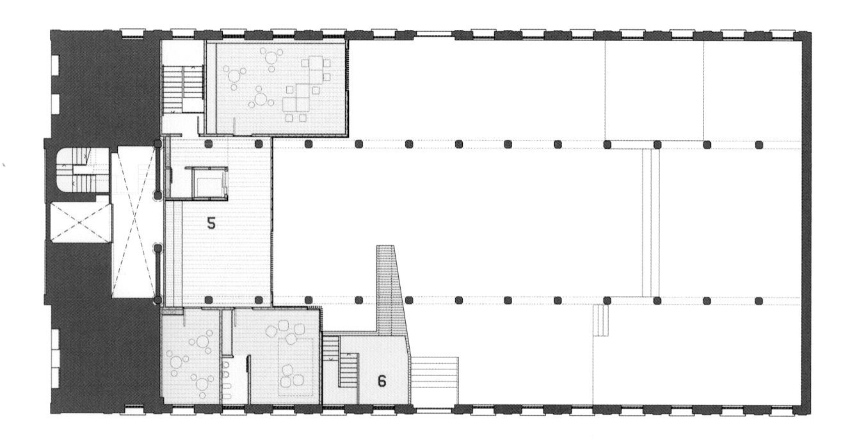


二层平面

5　开放教室
6　儿童滑梯

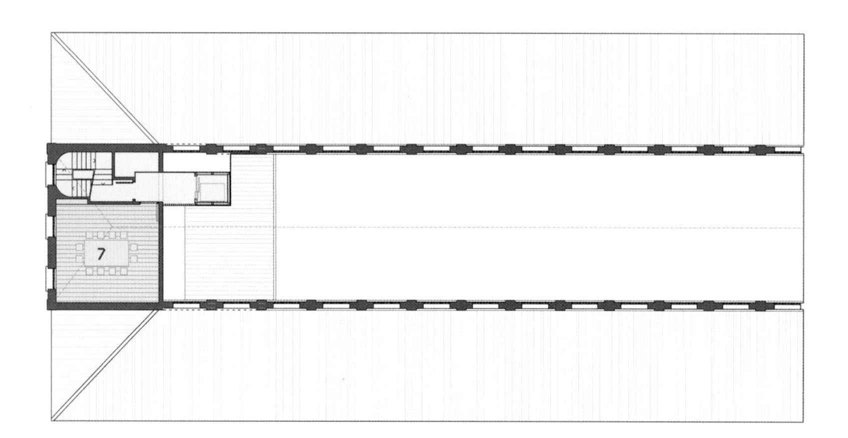


三层平面

7　公共大厅

| 1 | 3 |
|---|---|
| 2 | 4 |

1　各层平面
2　新旧元素的融合
3　前厅
4　标识牌，由前厅的楼梯通向不同层次的空间

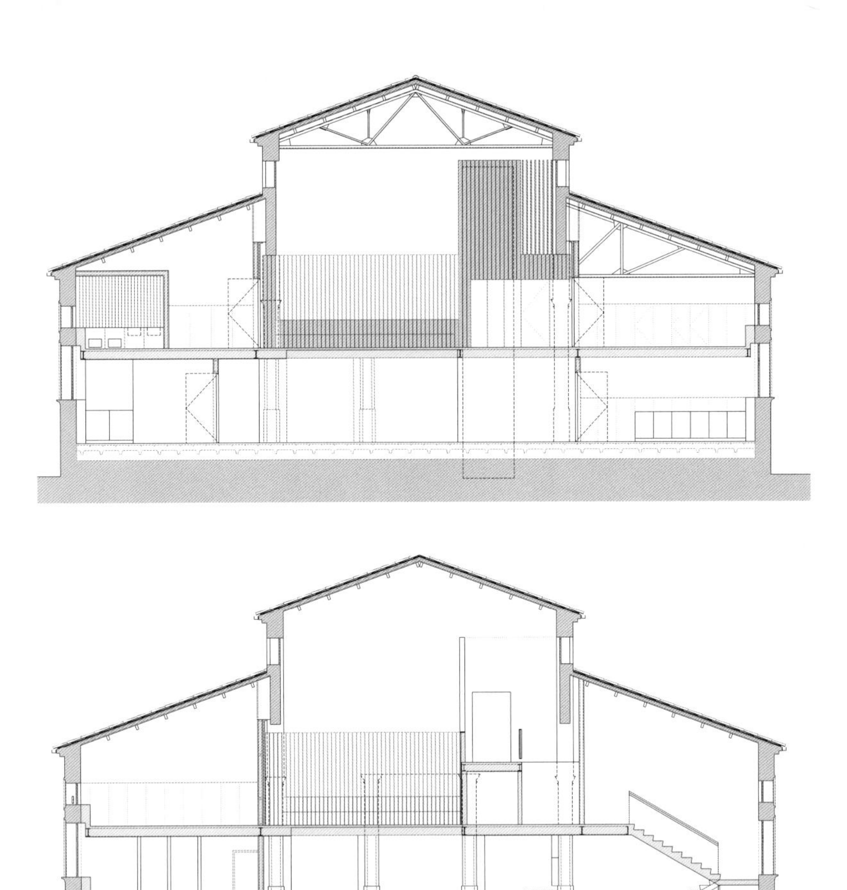

| 1<br>2<br>3<br>4 | 5 |
|---|---|

**1-2** 剖面图

**3** 开放教室

**4** 教室

**5** 由儿童滑梯上层看内部空间

# 华南理工大学松花江路历史建筑更新改造

# RENOVATION OF THE HISTORICAL BUILDINGS ON THE SONGHUA RIVER ROAD IN S.C.U.T.

摄　影 | 陈尧、杨叔庸
资料提供 | 华南理工大学建筑设计研究院

地　点 | 中国广州华南理工大学
用地面积 | 5 100m²
建筑面积 | 2 600m²
设计时间 | 2004年
竣工时间 | 2011年
设计团队 | 何镜堂、郭卫宏、郑少鹏、黄沛宁、晏忠、郑炎、李绮霞、曹声东、叶青青、郭志盛

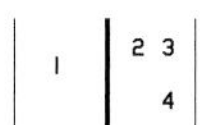

1 改造后的建筑
2-3 改造前的建筑
4 区位图

松花江路14号~37号位于华南理工大学校内，原为老中山大学时期教授的居住区，现已被列为历史保护建筑。在完整街块内，北面一列是6栋1930年代建成的1层坡屋顶别墅，南面一列是4栋1970年代建成的2层高双拼别墅。由于年久失修，整个街块的建筑破败，更有部分建筑已成危房。为更好地保护和利用这些历史建筑，同时改善该区域的校园环境质量，我们从2004年起至今，经过三次渐进式的更新改建，将这一破败的历史街块逐渐转变为一个独具岭南地域特色的、充满朝气活力的建筑师工作室，为校园创造了一个富有文化气息的创新基地，为社区创造了一个自然、人性化的公共活动场所。

历史建筑是有生命的、活的历史载体，保护历史建筑不仅在于完整地保护历史建筑实体，更需要为历史建筑注入新的活力，使其满足城市新的发展需求，适合当下人们在工作与生活中新的使用需求，从而使历史建筑在更新中获得新的生命，在历史和当前的叠合中塑造出场地新的特质，提升整体环境和空间质量，延续场所记忆与地域文化。这是我们面对这个历史街区改造时所确立的核心价值，并从以下四个方面得以落实：

在总体布局中，我们通过梳理街区肌理，去除一些在过去使用中无序加建的临时构筑物，获得较为完整的历史空间架构；再适度加建，在各独立建筑之间建立必要的空间联系；在外部空间的关键位置嵌入新的功能模块，从而划分、围合庭园空间。庭园是整个建筑群的核心，我们通过园林化的概念建立场地秩序，将原来孤立的各单体建筑整合为整体的园林空间，建筑与庭园景观紧密结合，融为一体。在庭园设计中，我们保留了原有的树木，精心布置廊桥亭舍、果树花卉，在入口门厅和庭院中心位置设计了具有岭南特色的锦鲤鱼池，使庭园焕发出勃勃生机，从而营造了一个极具岭南地域文化特色、多层次的新时代岭南庭园。

在建筑机能更新中，我们按照建筑师工作室的需求，将功能用房分为以办公功能空间为主的基本模块、以交流讨论功能为主的共享模块、以辅助服务功能为主的辅助模块等三种功能模块，通过功能模块的组合来组织使用空间，从而获得了一个满足新功能需求的、能够激发创新活力的实用空间。

在与周边社区的关系梳理中，我们保留了原建筑之间的巷道、通廊，使内向式的庭园空间与周边环境形成隔而不断、相互渗透、相互沟通的内外空间关系，这不仅改善了社区的自然通风环境，也使建筑群有机融入社区，达到提升周边环境品质、激发社区活力的带动效应。

在建造过程中，我们尽量回收、再利用原建筑的砖、木等建造材料，并使用生态木、透水广场砖、植被砖、佛甲草等环保材料，在低造价前提上实现生态环保的目标。END

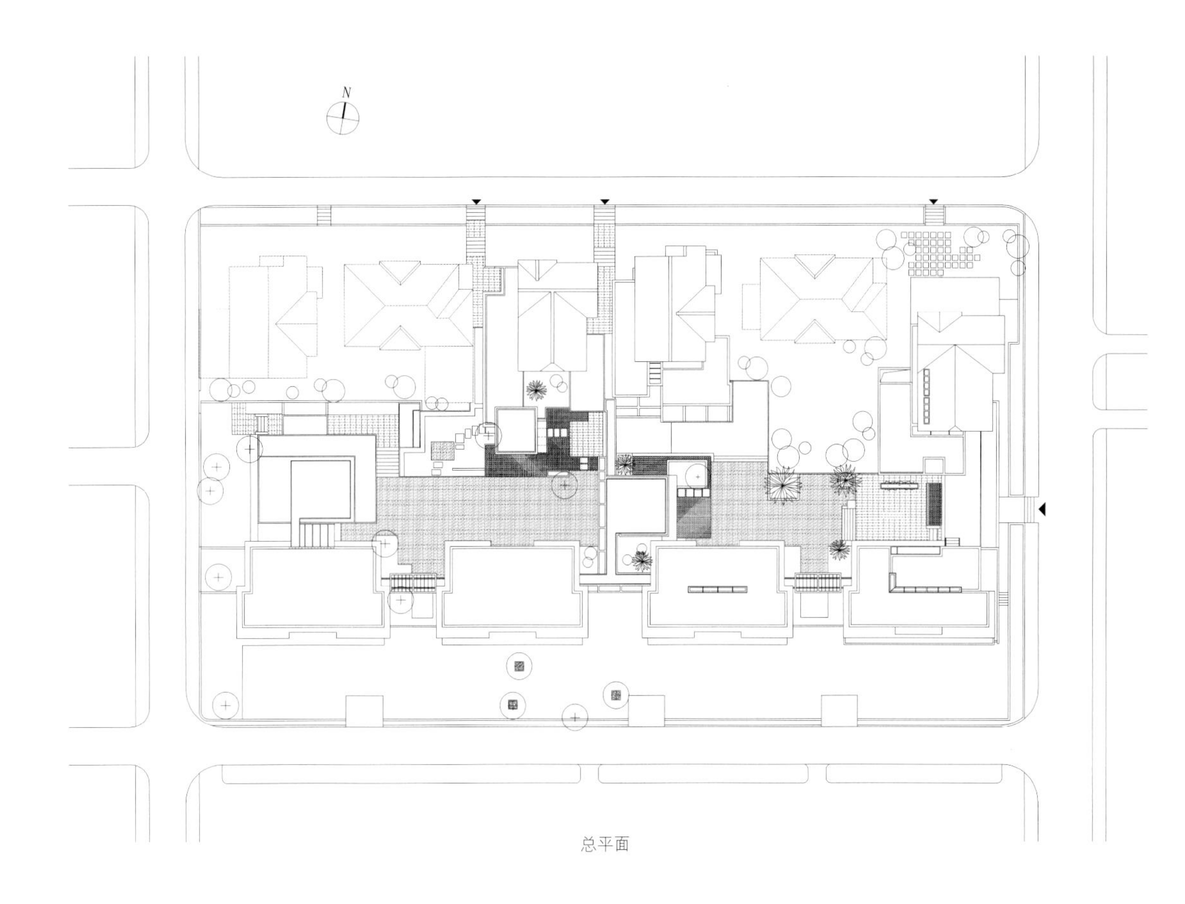


总平面

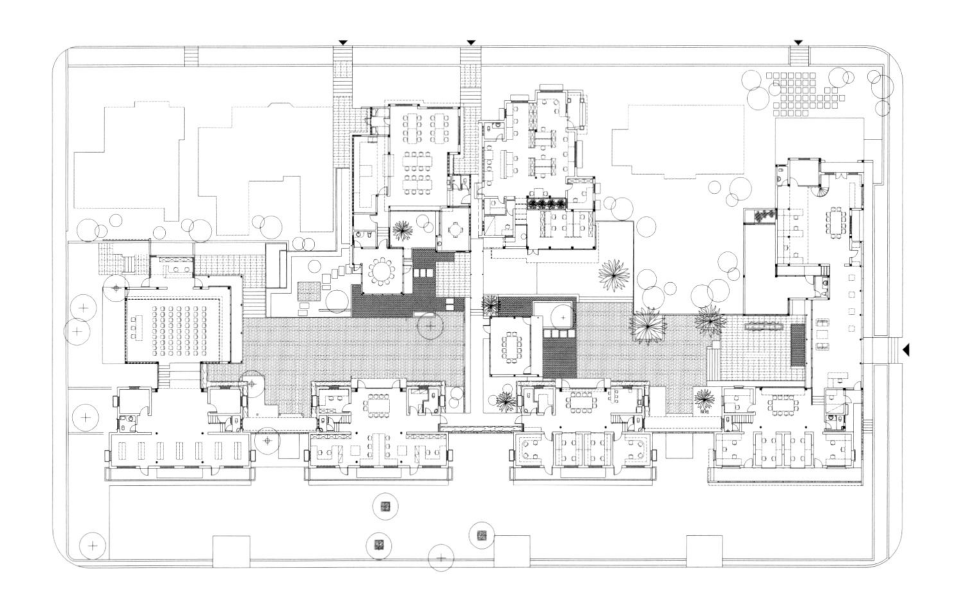

一层平面

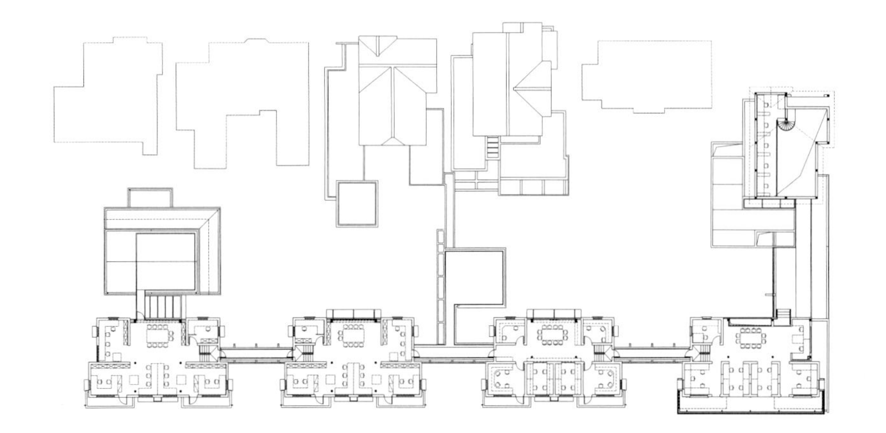

二层平面

1
2
3

1–2 改造后的建筑外观与庭园
3 总平面及各层平面

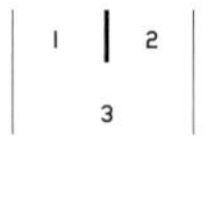

1-3 室内空间

# 第二次机会培训学校
# SECOND CHANCE SCHOOL

撰　　文 | 银时
资料提供 | Palatre and Leclere Architects

地　　点 | 法国巴黎47 rue d'Aubervilliers
面　　积 | 600m²
设　　计 | Palatre and Leclere Architects
项目管理 | Olivier Palatre
照明设计 | Franck Franjou + Palatre and Leclere Architects
竣工时间 | 2011年

PLA设计事务所由两位年轻设计师主持，因其大胆别致的创意和对空间的敏锐感觉，PLA近年在法国已成为当红新锐。第二次机会培训学校和彩虹幼儿园是他们在巴黎老街区的两个改造项目，针对功能需求和环境因素，PLA作出了各具特色的设计，值得借鉴。

位于巴黎18区Aubervilliers路的第二次机会培训学校是一所就业培训学校。法国每年约有25.2万人因各种原因辍学，因为没有文凭和工作经验，他们很难找到工作。金融危机爆发后，法国年轻人就业形势更严峻，失业率高达22%。为帮助辍学生就业，第二次机会就业培训学校应运而生。第二次机会学校原本是一个覆盖全体欧盟国家的项目，但最终只有法国切实开展起来。这个学校由法国政府和地方政府拨款，部分资金来自欧盟和地方企业，专门针对因各种原因辍学而没有获得文凭的18~25岁的年轻人。校方提供9个月到一年的培训课程，根据学生个人情况和要求设计教学内容，补习基本文化课程，进行职业培训，并安排去当地公司企业实习，获得工作经验。大多数学生来自问题家庭，或者有社交困难，所有入学者来此学习都出于同样的原因：他们想找一份工作，但没有本事，缺少技能。这所能容纳140名学生的Aubervilliers路第二次机会培训学校需要呈现出这样一种品质：专注、体贴、充满活力、传达积极正面的价值观，让来此就学的年轻人能够顺利而愉悦地踏上人生旅程中一个新的开始。因此，建筑空间必须表现出相应的氛围——洋溢着对美好未来和重塑人生的希望，陪伴着学生们走上成功的人生路，参与帮助学生恢复自信的过程，要让学生们对这座校舍产生归属感和自豪感。

由于其将带来的社会影响力，这个改造项目不仅是一个建筑项目，同时也可以说是一个社会项目，它将会在法国的社会生活中扮演一个独一无二的角色。作为曾经的铁路活动最后的见证，这座22mx9m的长方形三层老建筑从外观到内部都已经相当老旧过时了，因此设计师对整栋建筑进行了大刀阔斧的改造。楼层被予以调整，表面涂层被移除，部分客梯和所有的技术设施做了更新。建筑立面彻底改头换面，而很多节点处也有了变动。

设计师的宗旨，是既要发挥出原有建筑的潜力，同时也要为学生提供一个有活力、有发展空间的建筑框架，更能给第二次机会学校打造一张“空间”名片。

室内色系以白色为主导，以使空间更为清爽明快，不会给学习带来太多干扰，以符合一所学校的特质。而在纯白色的空间中又辅之以鲜亮的色带，色带起到标识体系的作用，描绘出空间发展的走向，并界定出各建筑体块交接的界线。多彩的色带为建筑编织出一种活泼的、积极向上的氛围，并清晰地传达给身在其中的师生们。

建筑正立面上的外部楼梯同时也是消防逃生通道，设计师将其塑造为师生们专属的室外活动空间，更利用这段通道为第二次机会学校打造出独具个性的建筑立面。过道及楼梯护栏被装饰以红、黄、蓝、绿四色系的环状管子和金属漆片，象征着对周边的老铁道线路、练习本的行列等意象的呼应，同时也是对艺术家Lionel Esteve的名作“雌蕊”的致敬。

立面的改造亦可以被视为对周边社区的一种艺术性介入，周边的居民和来往于Eole花园的游人都可以看到这个标新立异的立面，如此强有力的建筑元素过去在这片老街区里是极少见的，它也为老街区带来了新的气息。

在照明设计环节上，设计者与Franck Franjou合作。在室内，白色环状灯管呼应了立面；而室外的立面上则是更为复杂的彩色与冷暖光源白色霓虹灯所组成的环状光网，与立面上的彩色管子互相映衬，当华灯初上之际，在建筑上点染出一幅生机勃勃且极富韵律感的画面。END

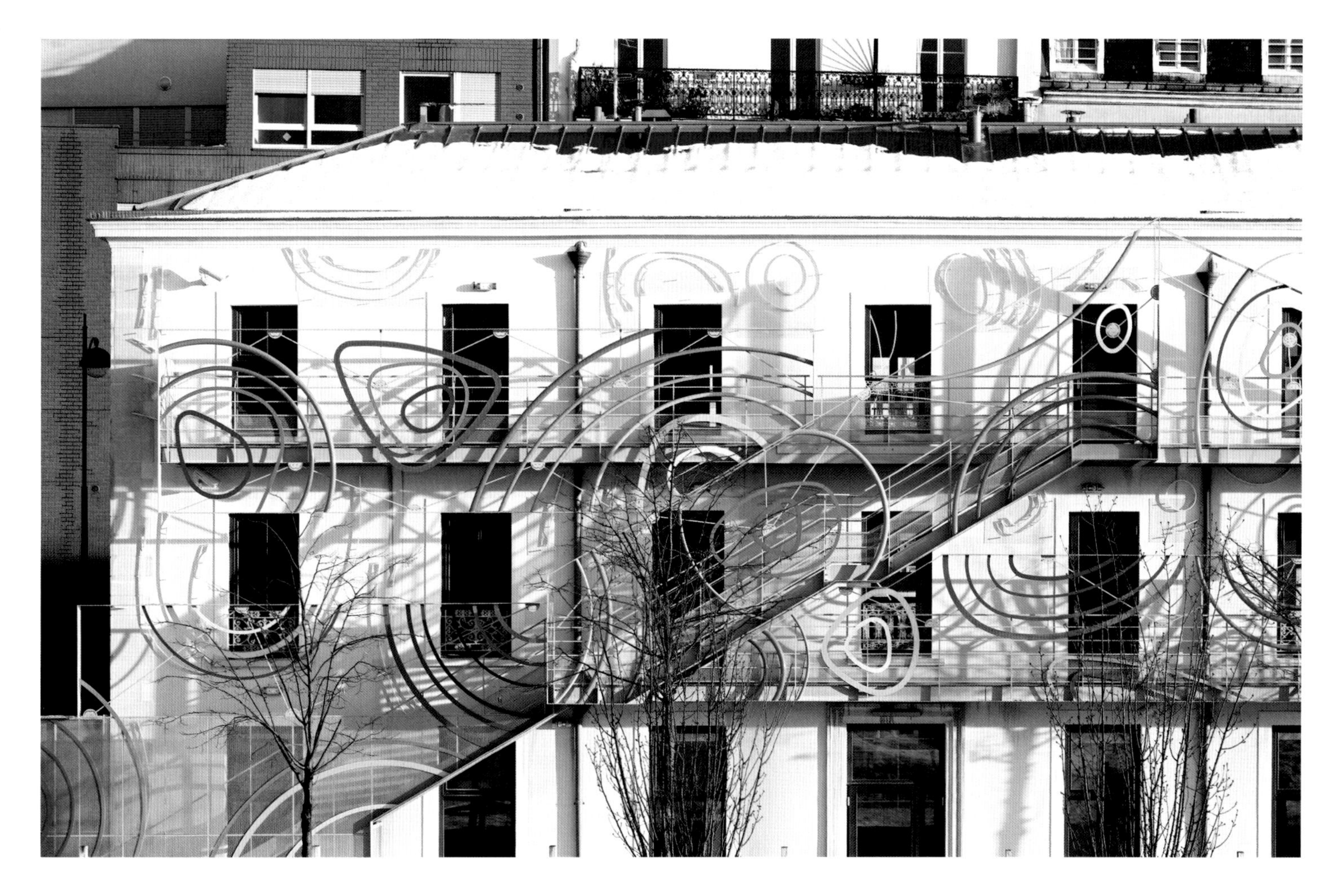

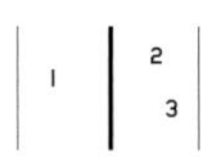

1 建筑外观
2 立面细部
3 走廊

| 1 2 / 3 | 4 |

1-2 色带区隔出空间并起到标识作用
3 保留下来的老建筑构件
4 富于动感的照明设计

# 彩虹中的幼儿园

# A PRESCHOOL IN RAINBOW

撰　文 | 银时
摄　影 | Luc Boegly
资料提供 | Palatre and Leclere Architects

地　点 | 法国巴黎Pajol路37号
面　积 | 1 260m²
设　计 | Palatre and Leclere Architects
业　主 | 巴黎市政府
竣工时间 | 2011年9月

本项目位于巴黎市第18区的Pajol路上，周边是一片正处于改造中的街区。周围到处是热火朝天的大兴土木场面，而这个建筑也要从室内到室外进行全方位的改造，包括专门设计定制一些家具。

尽管建筑质量还算不错，但建筑的整体状况十分不理想。立面上原有的部分珍贵的装饰面砖需要修整，而建筑格局也有很多需要调整的地方，诸如出入口过于巨大，楼梯缺乏防护措施等等。设计师意识到，他们面临的主要挑战，就是要使这个建筑的功能更加明晰，实用性更强，同时还要保证空间的趣味性，合理地重新组织室内及室外操场的空间秩序，并对原有的山墙善加利用。

面向操场的立面改造是整个设计的高亮区，它将成为该区域的标志性建筑元素，传达一种乐观积极的情绪，并成为幼儿园独有的个性标识。3层高的墙面成了挥洒设计的舞台，整面墙以赤橙黄绿青蓝紫七个色系的色带雕饰而成，与地面上的彩绘连成一体，为孩子们创造出一个充满童趣的环境。在这片洒满阳光的七彩小天地里，孩子们可以尽情玩闹。

而在室内，设计师也运用各种不同的色彩来营造不同的气氛。墙面色彩丰富，家具样式别致、造型各异，非均质材料如木材、塑料、金属等物料的应用带来令孩子们感到兴致盎然的触碰体验……所有这一切，都试图为孩子们和员工们提供一个带劲儿的、积极向上的环境。

对于一个建筑设计团队而言，设计一所幼儿园实在是一项非常有意义而又需要具有责任感的工作。这是孩子们人生中遇到的第一所学校。在这个全新的生活环境中，设计师要用建筑的手段为孩子带来平静和愉悦。为此，他们努力回想童年时期曾令他们感到欢乐的场景，并试图将其呈现在设计中。

于是，“彩虹”这个意象出现了，它成为驱动设计背后灵感的源动力。所有的小孩子都对彩虹着迷不已，彩虹预示着雨后的好天气，也代表着欢乐和幸福。

彩虹的不同颜色在设计中还起到标识的作用。比如，医疗室的门是红色的，代表着紧急的意思；每个年级都有他们特定的颜色；教室的门与楼层同色，等等。教室内的墙面则是白色的，这样更利于学习以及让孩子们充分地自我表达。

色彩的语言是儿童最早接受和领会的表达方式之一，因此，为了让孩子们对整个建筑和他们的活动空间产生亲切感与认同感，整个建筑都利用色彩大做文章。色彩既是标志，区分出厕所、教室、不同年级；也是乐趣，创造出操场上的跳房子、贪吃蛇和教学花园。

在神话传说中，彩虹隐没的地方就是宝藏埋藏之地。设计师在建筑中描绘出彩虹，而这彩虹落地处的宝藏可以说是这个面貌一新的建筑，或者更合适点的说法，是建筑中的孩子们。孩子是我们的未来，幼儿教育是我们社会的基石，这些，是真正无价的宝藏。END

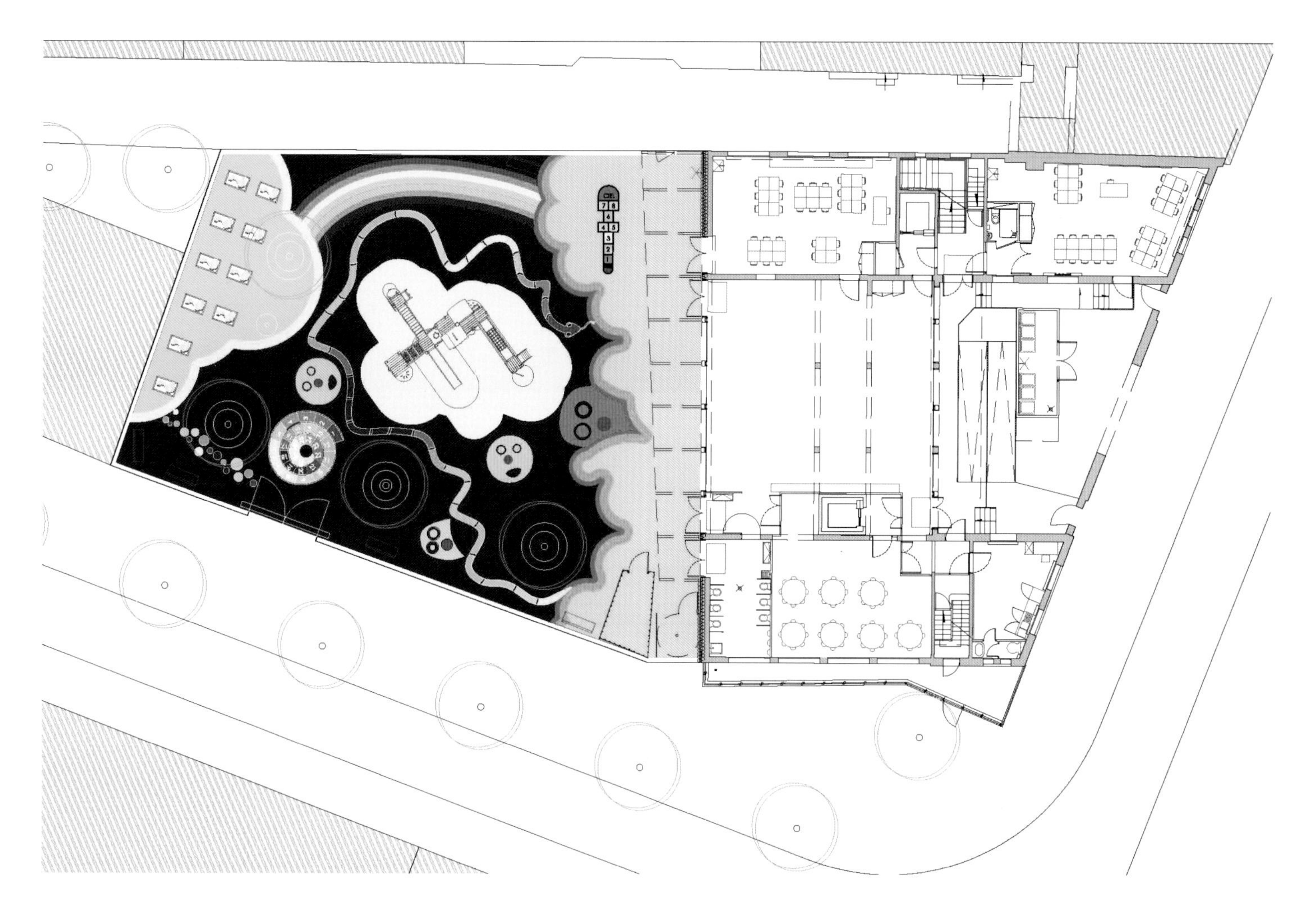

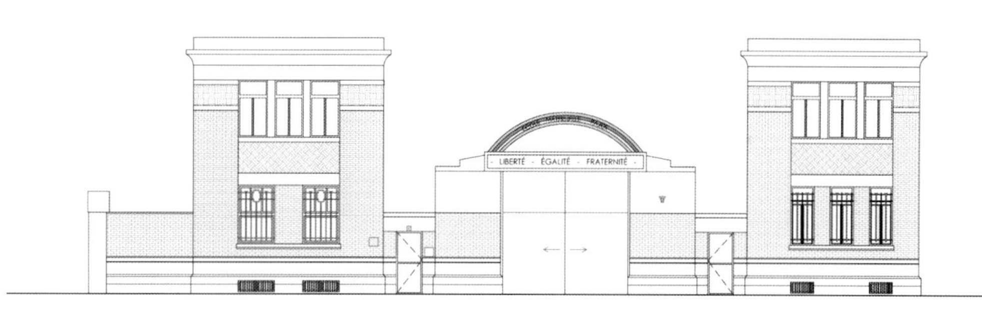

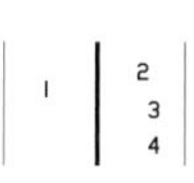

1 建筑外观
2 室内及操场平面布局
3-4 临街立面图与实景

| 1 2 | 5 |
|---|---|
| 3 4 | 6 |

**1-2** 多彩的建筑立面及地面
**3** 操场的彩绘
**4** 视觉及照明分析
**5-6** 教学空间

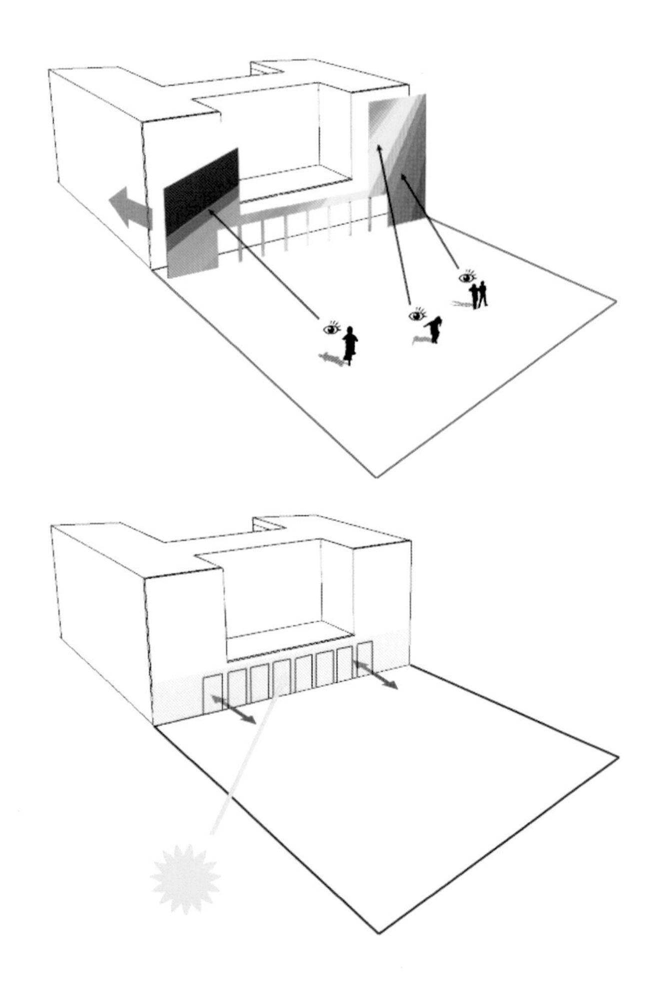

| 1 2 | 3 |
| --- | --- |
| 4 5 | 6 |

1 室内延续了立面的彩虹主题
2-3 给孩子们用的挂钩和马桶都充满童趣
4-6 多彩的楼梯及转角空间

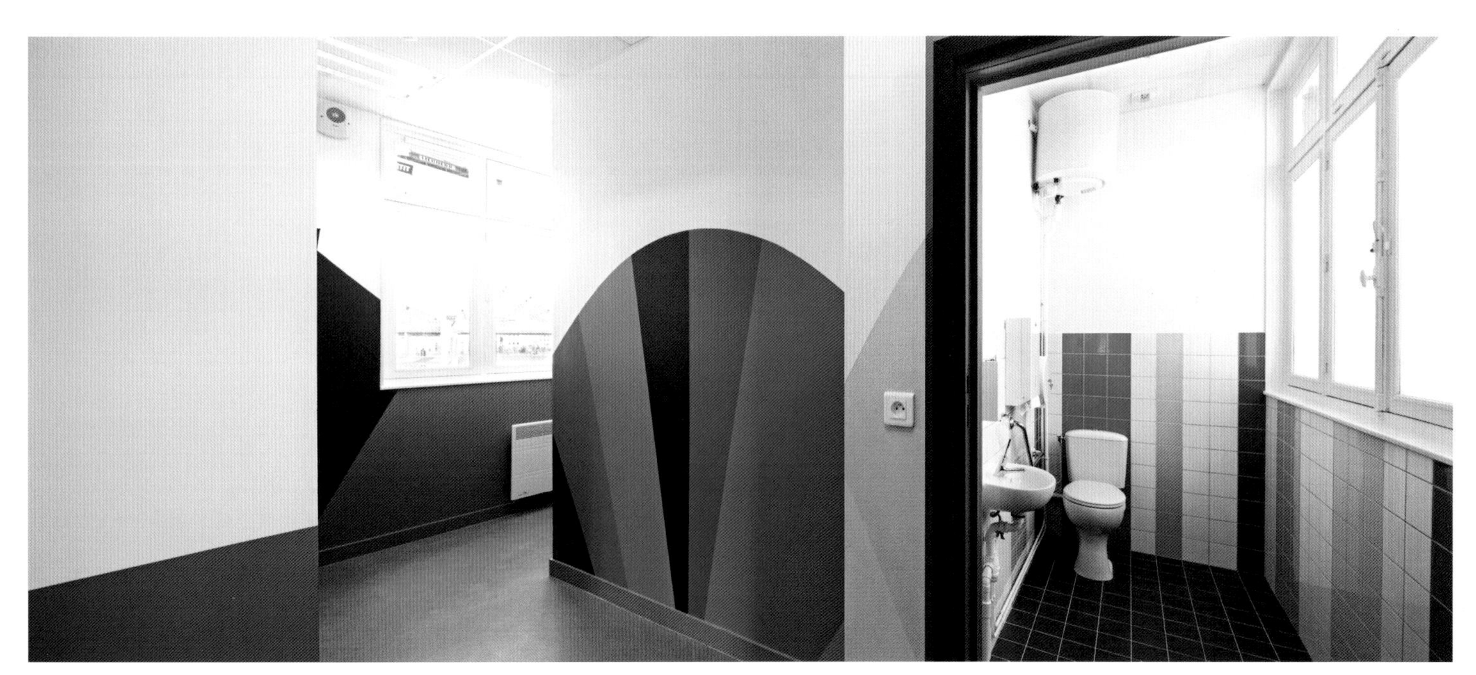

# Kirchplatz 办公室 + 住宅

# KIRCHPLATZ OFFICE+RESIDENCE

撰　　文 | 藤井树
摄　　影 | Børje Müller
资料提供 | Oppenheim Architecture + Design

地　　点 | 瑞士穆滕茨（Muttenz,Switzerland）
面　　积 | 约278m²（由历史农舍改造的办公建筑）、约280m²（新住宅建筑）
设　　计 | Oppenheim Architecture + Design,Huesler Architekten
竣工时间 | 2012年

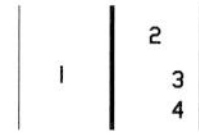

1 由木材包裹着外立面的现代新私人住宅，
被历史农舍改造的办公建筑掩映在后
2 改造后的办公建筑外部
3-4 改造前

位于瑞士北部穆滕茨（Muttenz）、具有269年历史（始建于1743年）的农舍在新时代中，经过适应性更新后，现在有了三个不同的身份：建筑设计公司的办公室、为当地社区准备的会议空间、连接到后院新住宅的通道，从而将工作和家庭生活空间合二为一。

新设计旨在给予历史农舍建筑及其内部既有传统元素一种全新诠释。纵向贯穿两层的窗户及新开口，将充足的自然光线投入由干净利落的白色面漆刷就的室内，涂白也凸显了横梁间原本构成的几何形，崭新的楼梯和墙面点亮了老建筑，使其恢复了健康，并创造了一种纯净、轻盈的活力；深色的圆柱形铜制电梯间使设计在轻盈中得以沉稳，又给室内增加了一种质感。这些新元素与原先老木头的沧桑纹理对立并置，这种对立并置与空间的开敞、重叠以及彼此融合又相得益彰。因为处于城镇历史区域的中心位置，设计师还将原先的门厅改造成社区会议空间，门仍保持开放以供公众进入参观。

与前面这个呈现出开放性的老建筑相对应的是，被其掩盖在后、由木材包裹着外立面的现代新私人住宅建筑。新、老建筑尽管在材料运用和颜色上有共性，但在现代与历史的相互作用中有明显不同的侧重表达，新鲜与原始并置，这种反差让人兴奋。住宅有3层高，顶层是主卧及客卧； 地面层是厨房、餐厅、客厅；地下层是儿童房，以及通往地面层后院露台的坡道。住宅一侧向内凹处，是由圆柱做支撑框架的庭院。

这个项目在可持续发展方面的考虑有两方面：一是建筑节能，包括使用当前能源效率建设标准、太阳能屋顶板，以及可持续材料的选择如选择在外立面使用再生木材；二是在可能的情况下修复原有建筑元素。

完全传统的历史建筑立面，受自然启发的现代后院及住宅，工作和生活空间就这样巧妙地结合于一个混血建筑中。END

| 1 2 3 | 5 |
| --- | --- |
| 4 | 6 7 |

**1-2** 原先的门厅被改造为社区会议空间
**3-4** 深色的圆柱形铜制楼梯间使办公空间在白色轻盈中得以沉稳
**5** 办公室 + 住宅平面图
**6-7** 办公空间

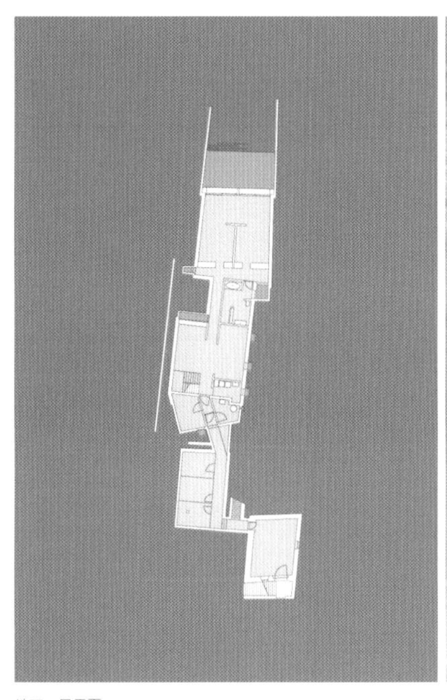

地下一层平面

一层平面

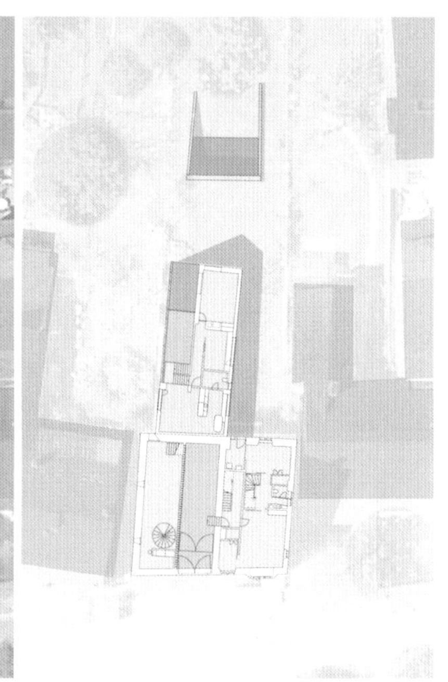

二层平面

三层平面　四层平面　屋顶平面

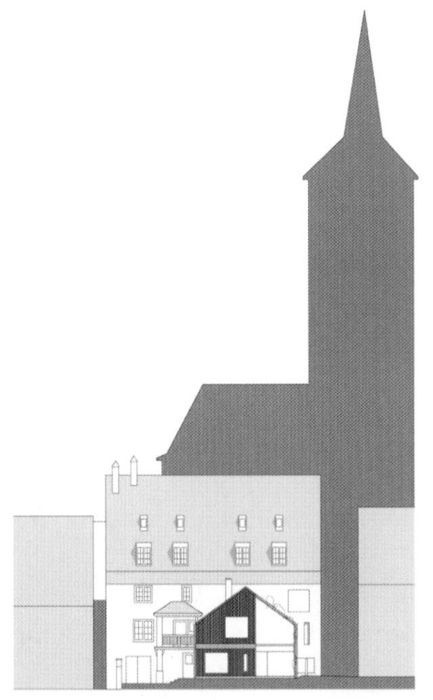

| 1 2 | 4 |
| --- | --- |
| 3 | 5 6 |

**1-2** 新元素与原先老木头的沧桑纹理对立并置
**3** 办公室 + 住宅立面图
**4** 新建的住宅建筑外部及露天庭院
**5-6** 住宅内部的厨房及餐厅

1 | 2 3

**1-2** 餐厅及住宅建筑两侧的露天庭院
**3** 办公室 + 住宅剖面图

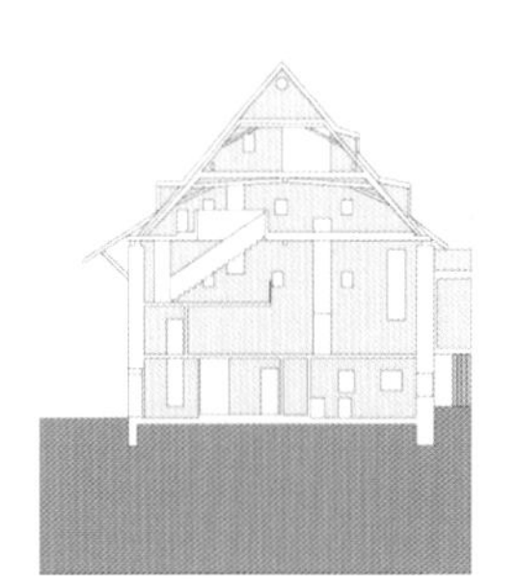

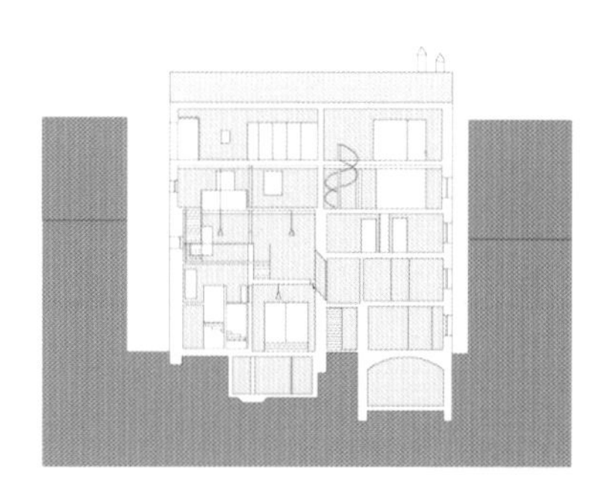

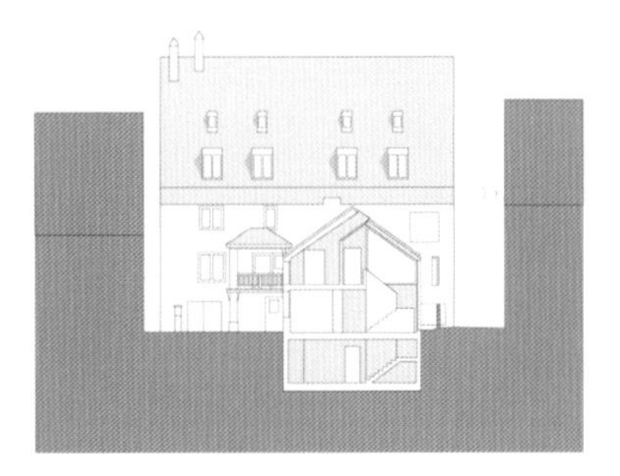

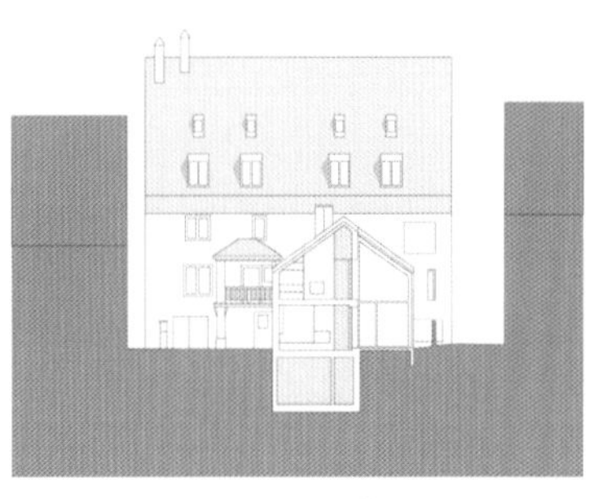

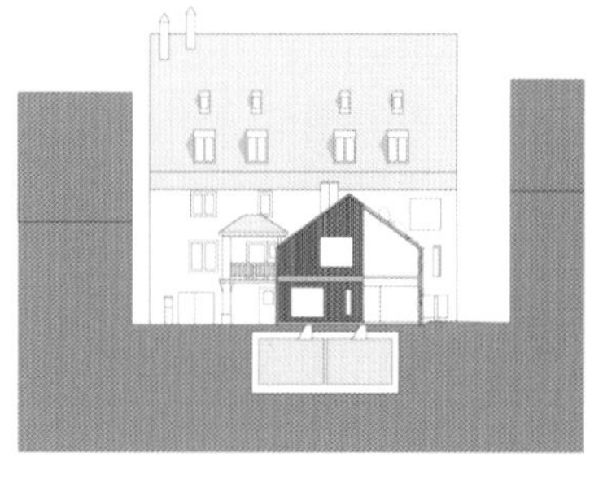

| 1 2 | 4 5 |
|---|---|
| 3 | 6 |

1 客厅
2 住宅顶层通往卧室的走道
3 卧室
4 书房
5-6 卫生间

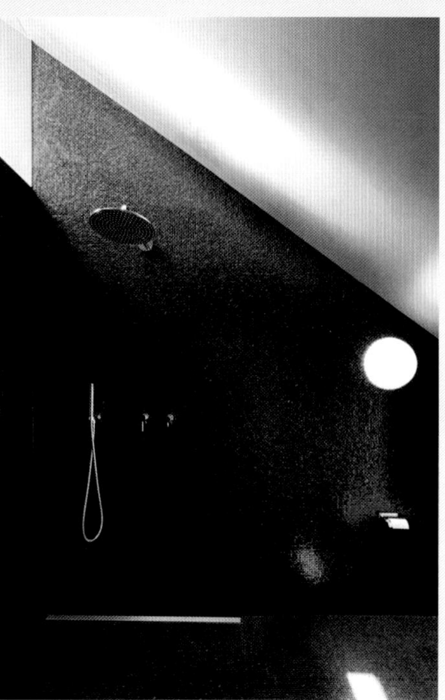

# 天津桃源居办公室改造设计

# TIANJIN TAOYUANJU OFFICE INTERIOR RENOVATION DESIGN


| | |
|---|---|
| 撰　文 | 董功 |
| 摄　影 | 舒赫、直向建筑（Vector Architects） |
| 资料提供 | 直向建筑 |


| | |
|---|---|
| 地　点 | 中国天津 |
| 面　积 | 1 200m² |
| 设　计 | 直向建筑 |
| 业　主 | 桃源居(天津)房地产开发有限公司 |
| 材　料 | 垂直绿化、混凝土预制板、水泥自流平、金属鱼鳞板、木饰面板、超白玻璃、丝网印曲面玻璃 |
| 设计时间 | 2010年6月~2011年4月 |
| 建设时间 | 2011年2月~2012年2月 |

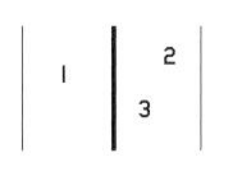


1 垂直绿化
2 研究模型
3 概念图示

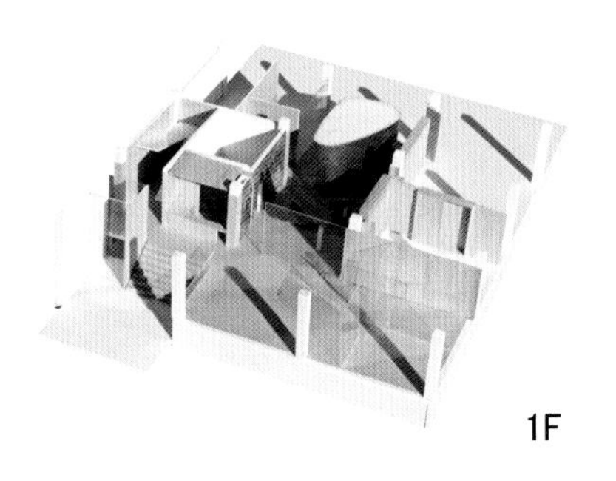


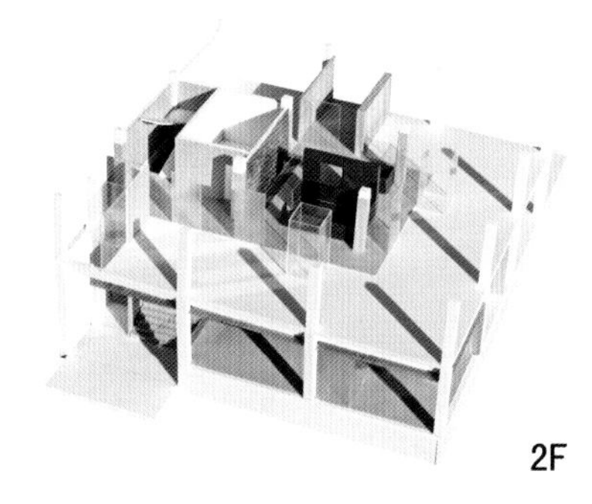


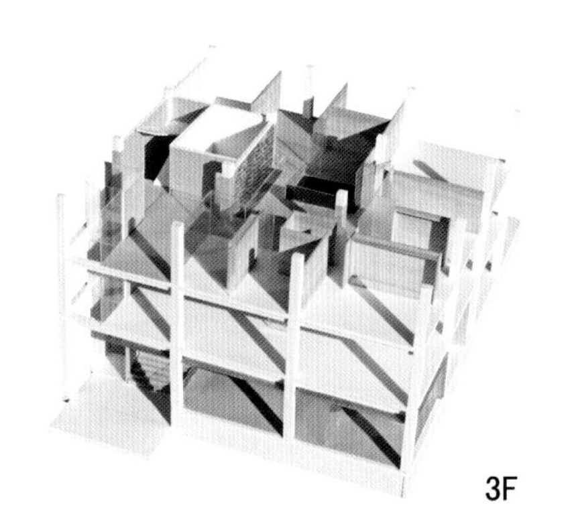


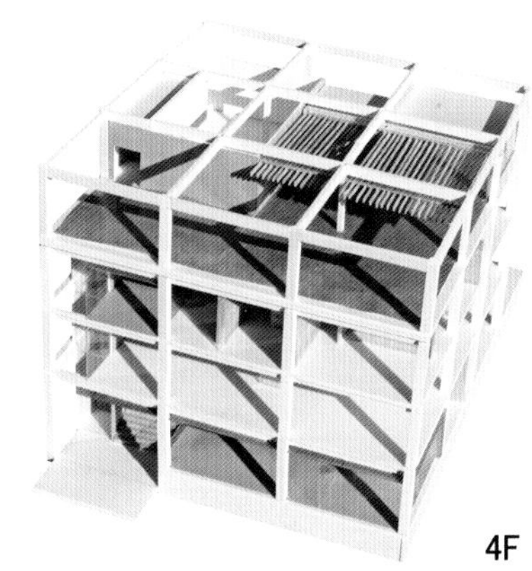


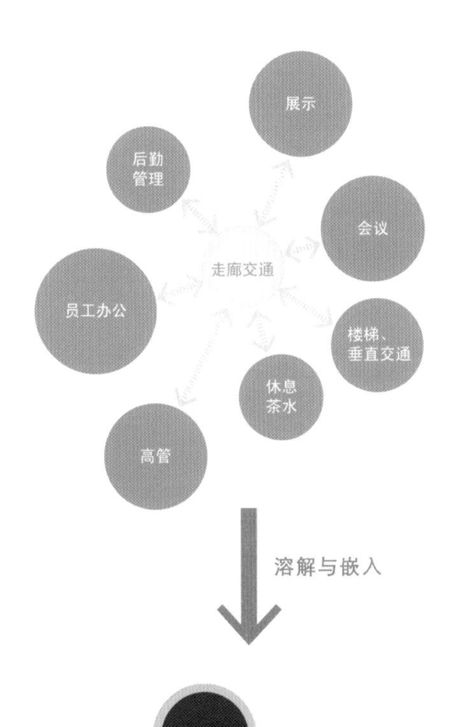


2010 年夏天，我们受业主之邀，为其在天津塘沽区的自用办公楼进行室内空间的改造设计。我们所面对的是一栋已经建成的标准的 3 层独栋办公楼，总面积为 1200m$^2$。现状平面规整，层与层之间靠消防楼梯和电梯相连。空间格局虽然紧凑，却显得较为刻板僵硬。

项目一开始，经过与业主的沟通，在对其企业文化、架构和对新的办公空间气氛的憧憬的充分了解的基础上，我们提出将力求创造一个具有公共活力，开放，鼓励沟通的办公环境作为设计宗旨。针对业主提出的功能需求，我们首先摒弃了常规模式的以走廊线性交通空间串联若干功能单元的布局模式，而是将其中可以被公开分享使用的一部分功能摘取出来，包括门厅、展示区、等候区、茶水间、灵活会议室、多功能交流空间等，并把这些功能和必要的交通空间“溶解”在一起，组成办公空间中的一套公共生活系统，并最终将其“嵌入”到各层常规办公空间当中。考虑到原标准层平面的中心部分离四周外墙距离较远，是采光、通风和视野条件相对最不利的地带，新的公共生活系统即发生于此区域。为了赋予这套体系在垂直方向上的连续性，我们对原有的结构楼板进行了适度改造，通过增设的楼面洞口建立必需的动线和视线上的联络。我们希望该系统中的公共行为——包括开放会议、休息、阅读、交流活动等——会持续地聚集和激发日常办公生活中的能量，并通过通透开放的界面将其释放到常规办公的区域，从而在整体的办公室内部建立一个活跃的、鼓励沟通和交流，并具备凝聚力的空间气氛。

这套连续的公共生活系统起始于首层的门厅，结束于 3 层一个带有天窗的等候区域。空间界面的材料和四周的常规办公区域有所区分，由钢板、自流平地面、金属鱼鳞板吊顶和垂直绿化墙组成，其中的垂直绿化墙体 3 层通高，强化了空间的连续性。生长于其上的植物通过一个自动灌溉系统得到定时浇灌，它作为一个最鲜明的视觉元素而成为每一层办公空间的视觉中心。同时，大量鲜活的植物会使办公室内部的空气质量不断得到改善。END

| 1 | 4 | 5 |
|---|---|---|
| 2 3 | | 6 |

**1–2** 灵活的会议空间与钢楼梯
**3** 丝网印弧形玻璃
**4** 各层平面
**5** 垂直绿化墙面
**6** 穿孔钢板楼梯局部

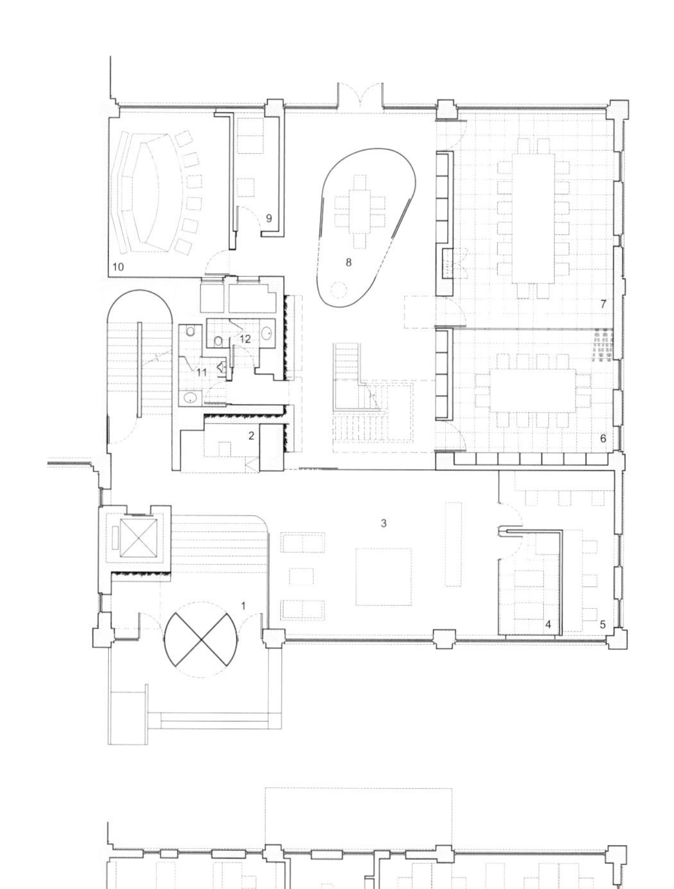

一层平面

1 入口
2 前台
3 展示空间
4 机房
5 独立办公室
6 小会议室
7 大会议室
8 多功能会议室
9 资料室
10 网络会议所
11 男卫生间
12 女卫生间

二层平面

1 开放办公区
2 会议室
3 密闭会议室
4 休息等候区
5 男卫生间
6 女卫生间

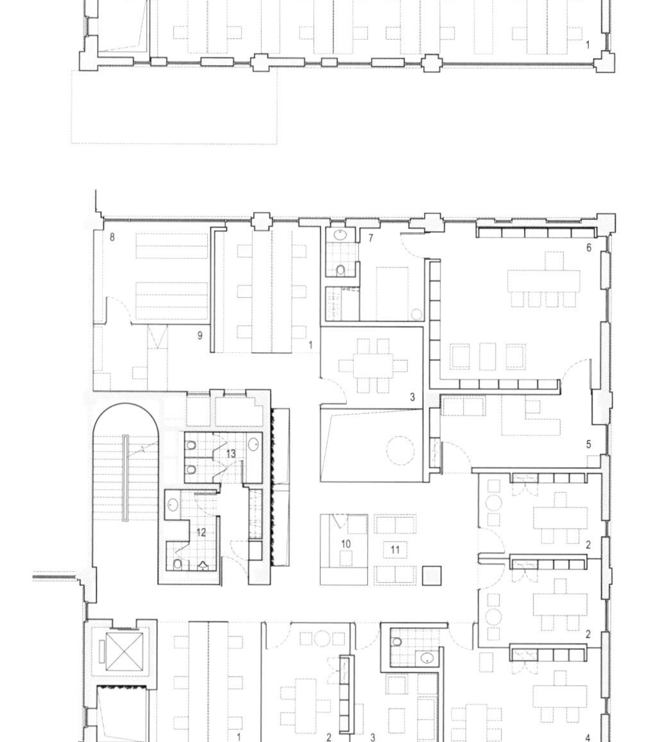

三层平面

1 开放办公区
2 副经理办公室
3 会议室
4 总经理办公室
5 秘书办公室
6 董事长办公室
7 休息室
8 档案室
9 借阅区
10 经理秘书前台
11 休息等候区
12 男卫生间
13 女卫生间

| 1<br>2 | 3 |
|---|---|

1-2 穿孔钢板楼梯
3 二层开放空间

# 隐巷工作室

# XYI OFFICE DESIGN

摄　　影　王基守
资料提供　隐巷设计顾问有限公司

地　　点　台北市大安区
面　　积　$100m^2$
设计单位　隐巷设计顾问有限公司
设 计 师　黄士华、EVA YUAN 袁筱媛、CARRIE MENG 孟羿
设计时间　2011年3月~2011年10月
施工时间　2011年4月~2011年10月
主要材料　水泥板模墙、外墙质感涂料、9mm黑铁板、2.5mm拉丝不锈钢、3mm木色夹板、10mm桧木板、染色桧木板、大甘木木皮、白色密度烤漆板、PVC、12mm强化玻璃、8mm黑色强化玻璃、5mm灰镜、水性白色烤漆、人造石、银狐理石、复古面印度黑理石、金属砖、岩砖

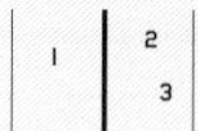

1 入口处照明效果
2 入口处
3 平面配置图

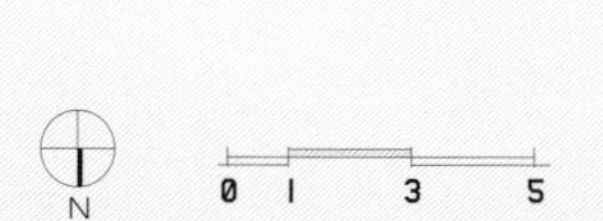


台北市的巷弄里其实卧虎藏龙，有许多不起眼甚至可能隐密到你不知如何上门的商家，而我们的想法是希望表达如“隐巷”字面般，一种低调、务实、质朴的理念，一种柳暗花明又一村的创新。

基地是位于台北市大安区巷弄里的旧民宅，上世纪60、70年代纵长向的建筑，前为小于3m的巷弄，后为1.5m的防火巷，采光差；但我们喜欢那样的年代，喜欢时光停留的错觉。寸土寸金的台北市区，大部分人总是尽可能地放大住宅功能空间，我们拆掉旧有车库后，留出前院空间，置入景观植栽与生态，让转折的巷弄与密集的住宅呼吸，而公司同事上下班时能过渡转换心情。门前的塑型鸡蛋花、会议室外的白水木与生态池让夏天的台北绿意盎然，让冬天的台北散发禅意，搭配门上桧木的淡香，使材料本身就是一种设计语汇。拆除旧有雨遮，仅保留会议室的部分，新的外露H钢做为结构梁，支撑会议室屋顶。我们去工厂采购了剩余的废弃桧木料，裁切成50mm宽的木片，以45°的方式拼贴，这是公司LOGO的夹角角度，也向1980年代流行的拼贴设计致上敬意，使设计回归到手工与材料质感，并非仅是追求创新。

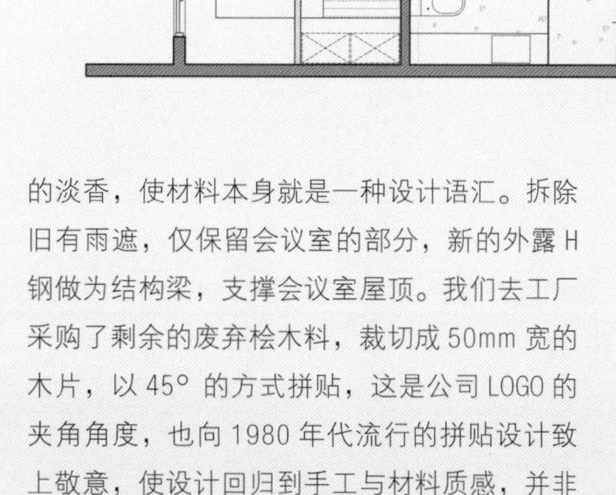

室外墙面材料使用板模灌浆，主要是为了做防水处理，并赋予设计语汇，右斜的墙线与左斜的会议室玻璃，如果你站在路口隐约能看见“X”的交叉点；入口地面使用复古面黑色大理石来定义出室内外空间的界线；建筑原有结构柱采用黑色铁板包覆，使其慢慢氧化，契合旧建筑的年代；会议室外墙采用强化玻璃，解决室内采光不足的问题，也是节能方式。

内部我们保留当初拆除打凿的痕迹，这是建筑生命的周期呈现，与新的材料产生冲突感，却同时互为搭配。内部依据功能区分共分为六区，会议室与员工训练区、MINI BAR互为重叠。电视嵌入材料柜门中，使其能90°旋转，根据需求使用；会议桌由大甘木、玻璃与黑铁结合而成，搭配意大利品牌单椅；此区同时有塑料、镜面不锈钢、玻璃、木夹板、黑铁板与水泥相互冲突产生的协调空间，而书柜平面也采用斜度处理；Mini Bar内置入热水机与过滤器，使用KOHLER厨房龙头，三节式的设计让机能更臻完整。上方镜面壁柜延伸至室外，在玻璃隔间区域转换为黑铁板，一是为增加室内外的联结，二是隐藏墙电箱，黑铁与板模墙面呈现出建筑粗犷的纹理。

中间区域是设计师讨论的基地，桌面使用剩下的桧木板，仅用木油处理，保留许多节眼与虫蛀孔。此区的黑铁椅是我们找了许多地方才找到的，有着工业革命时期的机械与粗糙感。设计部与讨论区互为重叠使用，设计部桌面为两块悬空的12mm钢化透明玻璃，使用X造型支撑铁件，上方吊柜为内务使用柜，柜门上的冲孔灵感来自于电影“变形金刚”，是公司专属的Code，由同事与公司的字母组成；右侧的黑色玻璃书柜是方便行政人员能直接看到会议区与室外。

卫生间内有花洒，使用透明玻璃搭配单向镜作为隔间，从内部能清楚看见外面空间，而同时能保留隐私；墙面上的灰镜嵌入10英寸Screen，可以播放影片与作品；不锈钢台面嵌入订制的人造石水盆，高度仅100mm，内部为斜板，让水流缓缓滑过具肌理的石纹面。

后方是主管区同时也是创意生产中心和接待客户的区域，后方顶棚采用透明玻璃，增加采光空间，靠落地窗户的柜体内设有掀床，让需加班的同事有地方能休息，悬空的黑色玻璃隔间与折门是为了保持空气流通，利用T字型黑铁搭配吊筋做为结构。

整体设计我们希望能呈现材料本身的质感，无论是平整的墙面还是粗糙的铁板，或是手工感的木板与镜面玻璃，透过比例将原本产生许多冲突的空间与材料转化成空间里的主角，低调却是空间的生命。END

| 1 | 3 |
|---|---|
| 2 | 4 5 |

**1** 门上桧木散发淡香
**2** 空间中木材、石材、玻璃等材料的混搭
**3** 电视墙与会议室
**4** 别致的灯具
**5** 内务使用柜上的冲孔是公司专属的 code

# CARO 酒店
# CARO HOTEL

撰　文 | 银时
摄　影 | Fernando Alda

地　点 | 西班牙巴伦西亚CALLE ALMIRANTE, 14
面　积 | 2 000m²
设　计 | FRANCESC RIFÉ STUDIO
平面设计 | FRANCESC RIFÉ STUDIO
设计时间 | 2009年
竣工时间 | 2011年

1 今日光影，旧时门墙
2 古意盎然的优雅立面

Caro 酒店是西班牙巴伦西亚首座历史保护建筑改建而来的酒店。从位置上来看，Caro 酒店占据的是巴伦西亚老城区最纯正的黄金地带，距离巴伦西亚大教堂（Valencia Cathedral）只有 200 多米，距 Plaza de la Reina 广场只有 5 分钟的步行路程，距被联合国教科文组织列为世界遗产的中世纪集市 La Lonja de la Seda（丝绸交易厅）步行只需 10 分钟。同街区周边的老房子一样优雅而沧桑的外墙下，浓浓现代都市风与千年历史变迁不着痕迹地交织在一起，这也是 Caro 酒店最令人惊喜的部分。

酒店的室内设计师是 Francesc Rifé，设计师非常注重细节，运用清爽简洁的几何线条，为整座酒店注入了浓郁的当代艺术气息。而这一切，又不会与这座曾经的 Caro 侯爵的宫殿所本有的建筑元素相冲突。这座建筑的折中主义风格表皮的历史可以追溯到 19 世纪，而在这表皮之后，是许多绝无仅有的 2000 多年的历史遗存：一些保存下来的马赛克是巴伦西亚城草创时代的遗迹——公元前 138 年罗马执政官 Decimus Junius Brutus Callaicus 在此建城，时称 Valentia Edetanorum；部分 13 世纪的阿拉伯防御墙，记录了公元 8~13 世纪巴伦西亚在阿拉伯人统治下的时光；还有不少哥特式的拱门以及 19 世纪的建筑构件，都被保存、恢复并整合到空间中来。

而在妥帖地打理好“历史”在酒店中位置的同时，设计师也充分考虑到“现代”要占的一席之地，将一家现代酒店所必需具备的功能照顾周详。设计师尊重各年代层的建筑遗存，但不会再进一步复制这些元素。在各层的公共区，透过点缀着灰、白色圆垫的玻璃地板，可以清楚地看见底层的苔园，这一富于禅意的设计为空间带来了鲜活的生机和意料之外的趣味，调和了历史建筑中的凝重感，但其雅致的格调，又不会破坏空间的静谧。诸如这样的神来之笔，令 Caro 酒店不是躺在“古迹”金字招牌上吃老本的平庸之所，而是真正拥有了属于自己的灵魂和气质。

Caro 酒店共有 26 间套房，分布在四个楼层中。每间客房都拥有完全独立的风格，但都务求温暖、舒适，令人感到宾至如归。平衡的空间体量、纯净的线条、简洁的器物形体、原生态材料的应用，使得整个空间在视觉上保持着高度的一致性。底层的烹调区容纳了三个不同设计风格的空间，在这些空间中可以举办各种公关活动。餐厅供应融合现代风味的传统地中海美食。酒店还设有一个带露台的酒吧，可以在阳光下享用饮品。END

1
2 3
4

1 平面图
2 接待处
3 露台酒吧
4 古老的墙巧妙地融入现代空间

TECA LIBRI

| 1 2 | 4 |
|---|---|
| 3 | 5 6 |

1 楼梯
2 休闲区
3 透过点缀着灰、白色垫子的玻璃地板，可坐赏底层的苔原
4~6 客房室内

| 1 | 3 |
|---|---|
| 2 | 4 |

**1-2** 客房的家具配饰均以极简风格为主
**3** 与公共区相呼应的地垫设计
**4** 浪漫风的阁楼客房浴室

# 花间堂·周庄季香院

# ZHOUZHUANG BLOSSOM HILL BOUTIQUE HOTEL

| | |
|---|---|
| 摄　影 | Derryck Menere |
| 资料提供 | Dariel Studio |

| | |
|---|---|
| 地　点 | 周庄中市街100号 |
| 面　积 | 2 500m$^2$ |
| 设　计 | Dariel Studio |
| 主设计师 | Thomas Dariel |
| 项目总监 | 侯胤杰 |
| 项目经理 | 陈一凡 |
| 竣工时间 | 2012年5月 |

清菊
II
15

花间堂季香院酒店位于江南水乡——周庄，粉墙黛瓦，厅堂陪弄，临河的蠡窗，入水的台阶，在这里，千年的历史也隐在江南迷迷茫茫的烟雨中。离上海仅1.5小时的车程使其成为上海背后避世休闲的绝好去处。

此项目是由三幢明清风格的老建筑改造而成，相传这三幢老建筑曾分别属于戴氏一家兄弟三人。昔日的戴宅被分为东、西、中三宅，三宅独立而建，却又紧贴相连，成为一个整体，格局迥异，各具特色。时至今日，改造之前这三幢独栋建筑分别被用做博物馆、茶室、客栈，并有一部分已废弃。Dariel Studio 用了近半年的时间，在保留建筑最原始的空间结构以及其历史传承的基础上，非常小心地对这些优秀的古建筑进行修复，包括地面高低的统一、主梁的加固、门窗的修复和重建、结构的重新划分等，最终将其合并改建成拥有20套客房的精品酒店。根据客户的要求，此精品酒店将与周庄如画风景和历史相结合，体现这古镇从古至今多年未变的恬静优雅生活，保留并延续当地的历史文化。

为了契合周庄古镇的特色，热爱中国文化的设计师 Thomas Dariel 将这个精品酒店的设计主题设定为“穿越季节的感官之旅”，其灵感来自于中国传统的二十四节气。首先，在酒店各房间的布局上，根据日照的上升降落的分布规律，自南向北地将春夏秋冬依次在各排房间进行演绎。从浅浅的大地色，到跳跃的橘色，过渡到深沉的紫色，演绎了四季的不同个性。并采用四季迥异的花卉来命名不同的客房名，芷樱、碧荷、丹桂、墨兰……且运用不同的软装和灯饰来诠释四季的情韵。其次，设计师选取了几个重要的节气进行分别表现，使整个酒店的空间立体分布具有季节性的标志：

春分，春暖花开，岸柳青青。用这一个节气来表达带领来访者进入一种新鲜的入住体验的接待处，那是最恰当不过了。春分有昼夜平分之意，也能恰如其分地代表接待处这一贯通里外的场所之作用。

芒种，麦子丰收，佳酿正醇，将红酒吧用芒种来形容是再贴切不过的了。

夏至和冬至，色彩的强烈对比和西式吧台与中式家具的搭配，表现出中西餐厅美食文化的激情碰撞。

惊蛰，用于表现适合冥想的地方——阅读室，在这里聆听自己的内心，领悟更多哲理。悬于走廊的笼状灯笼、淡金的配色、舒适的沙发无一不使你希望在这个电闪雷鸣、眠虫苏醒的节气窝在这里品着香茗，读本好书。

白露和小暑，分别代表水吧和茶室。白露象征了水的洁净与润泽；小暑正显示了茶所需要的温度。

为了更好地保护当地文化和传统建筑，在进行修复改建时，小到一砖一瓦一石子都被编号保留起来，修旧如旧，重现新生。那些实在被毁坏严重的，Dariel Studio 采用相同形状的花纹进行重新制作以符合明朝风格。在庭院门楼上秀才陶惟坻的题字“花萼联辉”，寓意戴氏兄弟连心，必能兴旺家业；堂楼之间天井相连，雕梁画栋，颇有气魄；正厅对面为三进重檐封火墙门楼，题额刻有“剡溪遗泽”，意为怀念故乡情深；房间里也随处可见留下的弯曲的悬梁和雕花题刻。

保留遗存之外，更多的仿古装饰被装点进了这个空间以切合整体的环境，比如灵感来源于中式手提食盒的各类柜子、以竹子形状为支柱的中式大床、古式的门把、卫浴间门上的雕花铜片、镶在墙上的民族项链、各式的中国瓷器花瓶、亮色的交椅、墙上各色毛笔笔刷高低错落排列而成的装饰等等。

除了保留和恢复其中式的特点，来自法国喜爱将中法文化结合在一起的 Thomas Dariel 也将中西风格融合在这个室内设计中。代表惊蛰节气的阅读室里，配以一个西式壁炉和小型钢琴，不但在中式的氛围中更添一份温暖，更让人有种置身于法国文艺复兴时期的感觉。中西餐厅的强烈色彩对比、巨大的悬式吊灯，以及那引人注目的法式花饰瓷砖砌成的吧台，让人在一片传统中找到新鲜亮眼之处。装点墙面的各种画像也充分向中国丰富的手工艺品致敬。同时，“水中的墨滴”摄影作品表现出一种结合中国传统水墨书法与当代诗歌的感觉。各种中西式装饰混搭营造出现代与古典别致的结合，使游客沉浸于这座城市的灵魂与个性之中，并在现代的视觉效果与精致优雅的氛围下恢复活力。

利用空间与光线、展现本土文化与传统、精心选材并钟情于艺术与手工艺品，Dariel Studio 通过这种种手段使朴实与典雅交相辉映。这一空间的主要设计概念是永恒之时、静谧之美与精妙奢华。设计师笃信：舒适并非在于区区的富贵，而是应当体现在精致与珍奇之中。END

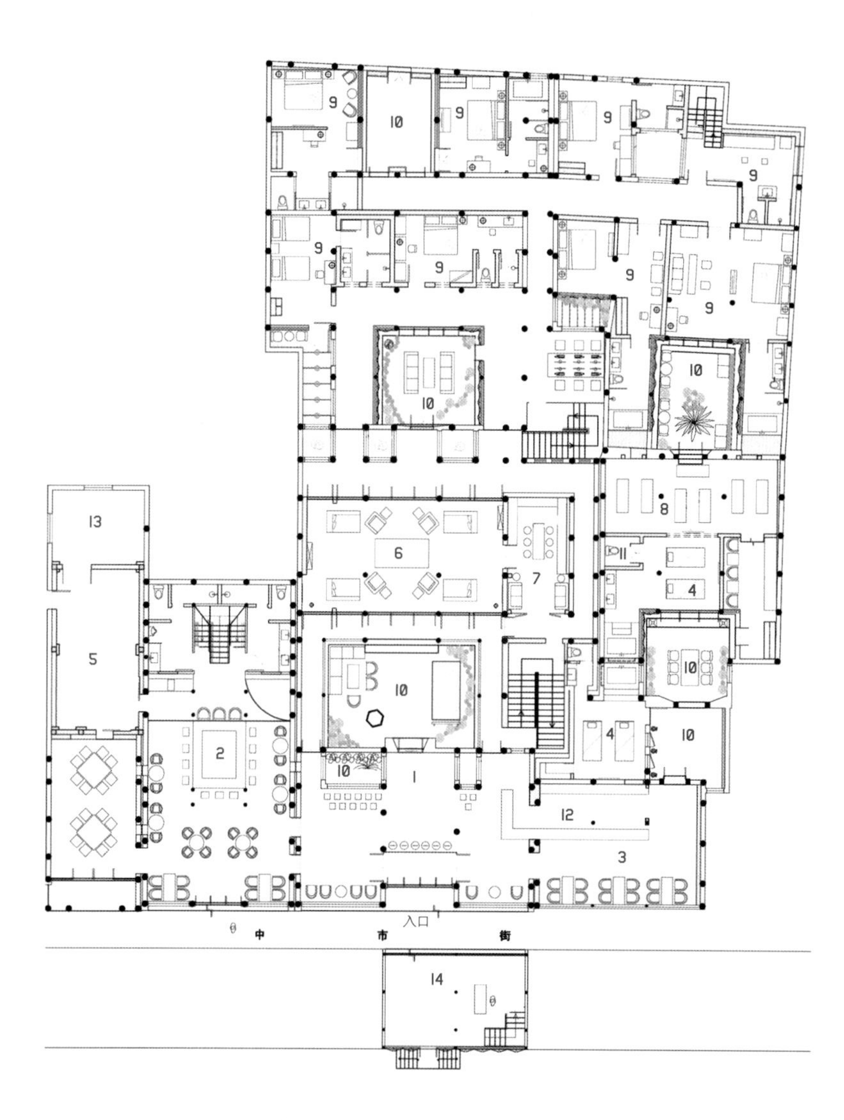


一层平面

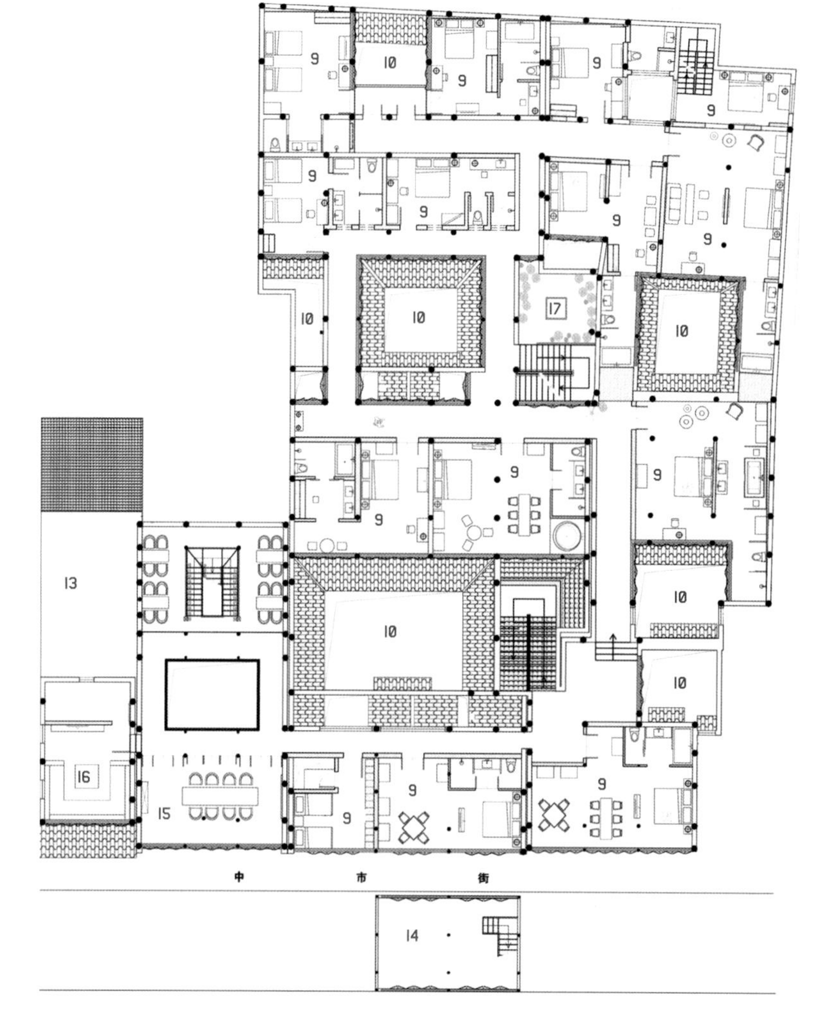


二层平面

| 1 | 2 |

1 旧时门墙
2 各层平面

1 艺术空间
2 餐厅
3 茶艺室
4 SPA
5 厨房
6 阅读 & 静听室
7 红酒吧
8 瑜伽室
9 客房
10 天井
11 厕所
12 总服务台
13 机电室
14 商店 & 展示
15 会议室
16 影音室
17 空中花园

1 可通天井的园景客房

2 庭院夜景

3-4 走廊，曲径通幽

5-6 不同风格的客房

1-2 水吧，曾是旧时的中药铺，吧台背后的抽屉柜仍是旧物

3-4 中式风情的摆放与装饰细节和空间整体风格十分和谐

5 坐赏光影变幻

6 餐厅，色彩的强烈对比和中西风格家具的碰撞带来空间张力

# AMMO 餐厅

# AMMO RESTAURANT

| | |
|---|---|
| 撰　　文 | 银时 |
| 资料提供 | WANG |
| 地　　点 | 香港金钟正义道9号 |
| 面　　积 | 93m² |
| 设　　计 | Joyce Wang |
| 竣工时间 | 2012年4月 |

1 吊灯，优美错杂的线条
2 从室外看AMMO 餐厅，可谓流光溢彩

AMMO 餐厅位于香港这繁华大都市中难得的宁静一隅，所在之处蕴含的深厚历史、建筑及文化价值环环相扣。原址本为 19 世纪建成的英军军火库，及后由纽约著名设计师 Tod Williams 及 Billie Tsien 携手改造翻新，成为现在的亚洲协会香港中心。

“AMMO”一词，除可解作“弹药”外，亦结合了“亚洲（Asia）”、“现代化（Modern）”、“博物馆（Museum）”及“原创（Original）”四个词汇的缩写——分别代表餐厅源于亚洲的文化身份、新派现代地中海料理、位处博物馆的文化地标位置，以及其原创独特的餐饮概念。

AMMO 的室内改造设计由香港近年来备受瞩目的新锐女设计师 Joyce Wang 担纲，她从 2010 年开展设计生涯自今短短两年，已赢得多个有分量的设计奖项。Joyce 持有美国麻省理工学院的建筑学及材料科学双学位，擅长采用大胆革新的物料及建筑元素浓烈的设计风格；其后就读伦敦皇家艺术学院让她设计视野更见广阔；与多位时装设计师、珠宝工匠及电影制作人的接触和合作，赋予 Joyce 更多灵感，使其设计风格富有不同艺术领域的精髓；电影更成为她的创作泉源，以戏剧形式与叙事方法向空间的使用者传递心中概念，成为她富于个性的设计特质。

亚洲协会香港中心是一座极具简约现代主义风格的建筑，AMMO 餐厅坐落于此，并享有葱郁翠绿的自然景致，孕育出 Joyce 将军事历史与繁华当代和谐融会的设计意念，并将这一概念由物料选材以至装置设计均贯彻如一。

Joyce 的设计巧妙地融入了电影元素，灵感源于 1965 年由戈达尔（Jean-Luc Godard）执导的经典黑色电影《阿尔伐城》（Alphaville），这是一部在科幻主题下探索艺术、科技与社会错综复杂的交缠的影片。呼应着电影的中心主题，餐厅中央设置了三道回旋阶梯形吊灯，颇为夺目。铜制的水管从 6m 高的顶棚如瀑布般倾泻而下，吊灯的罩幕以铜制卷曲丝网及钢筋镶嵌而成，营造出工厂及战地的旷野氛围。参照碉堡内部建成的顶棚以铜制钢筋作点缀，在柔黄灯光的衬托下，昔日的军火库宛如重现眼前。酒吧后面的装饰壁画同样以铜制枝条铸造，粗幼交替的铺排方式形成一个巨型半圆图案，从而引发客人的联想，咀嚼当中的历史风韵。

餐厅内的家具特意以皮革、绒毛及丝绸等高贵典雅的柔和物料制成，缓和了装置设计所流露的冰冷锐利感觉。由墙壁以至餐桌等每项细节皆由 Joyce 度身设计，务求充分演绎出心中的理想构思。

整个餐厅空间以工业及机械领域中常见的铜铁色为主调，在时尚简约的室内氛围与室外大自然环境相互辉映下，结合了未来感与复古风、豪华气派与冷峻气息，超现实感觉与五官体验等元素交织环扣，让客人一边品尝美食，一边沉醉于当中错综交缠的视觉享受。

Joyce 说：“无论是品牌、选址或是客人本身，富有历史传承元素的项目总是让我兴奋不已，因为在重新诠释传统之际，设计能透过崭新的叙述角度引领观众主动探究及阐释当中的信息。” END

| 1 | 4 |
|---|---|
| 2 3 | 5 |

**1** 未来感与复古风交织的店内环境
**2** 顶棚局部
**3-4** 家具以柔和物料制成，以缓和装置设计的冷硬之感
**5** 三道回旋阶梯形吊灯与铜制枝条制作的装饰壁画互相辉映

# 陈家山公园十里闻香楼茶会所

# CHENJIASHAN PARK TEA LOUNGE RENOVATION

撰　　文｜刘宇扬
摄　　影｜Jeremy San
资料提供｜刘宇扬建筑事务所

地　　点｜上海嘉定
建筑面积｜850m²
设　　计｜刘宇扬建筑事务所
设计团队｜刘宇扬、陈君榜、JIMMY POEK、梁永健、赵刚
设计时间｜2010年
竣工时间｜2011年

菊园新区是上海嘉定老城北边的一个社区。与嘉定其他区域（如安亭镇或嘉定新城）相比，这里属于比较安静、发展也比较慢的地方。由于附近地铁站的开通，与上海市中心的交通连结方便许多，周围地区也开始有了新的发展能量。

本案位于菊园新区内刚落成的陈家山公园里，原建筑是公园内已有的一栋配套用房，但建成后一直未投入使用。借此，当地政府希望通过新的设计理念和经营模式，重新营造一个更符合未来本地消费人群的建筑空间，以带动公园的人气，并提供周边居民未来使用的餐饮休闲设施。

设计前期原本仅仅考虑室内改建，但经过与业主方关于项目定位的探讨，决定用更综合的建筑、景观、室内设计手段提高空间的品质和项目的可识别性。设计理念以"环保、时尚、茶文化"为出发点，通过对局部空间和体量上的调整和改造，让原本比较开敞但缺乏叙事性的空间有了新的层次感和丰富性。原本封闭的几个庭院被重新赋予视觉穿透性和新的景观绿化，形成了协调周围公园景观和建筑内部功能的过渡和延伸空间。

设计在靠近西侧原有的一层露台上加建了一个异型悬挑空间。这个体量除了满足室内包房的需要外，更提供了公园游客在接近此建筑时所能感受到的空间张力和视觉印象。最后，透过增加一系列安装于建筑物西、南面的镀铜镂空金属外遮阳板，并以茶叶的形式做为遮阳板的图像构成，来达成一个节能、诗意和代表茶文化的休闲会所。

室内改造延续了外立面的"茶"元素，以茶叶夹胶玻璃、青瓦、镀铜金属片等材料做为隔断、灯具等室内构筑。由于后期运营方的介入，室内方案未能得到很好的落实，与建筑外观所体现的氛围反差较大，这也是我们在处理委托方和运营方之间的差异时感到比较遗憾的主要方面。

在外墙深化设计启动前，业主同时委托我方以同样风格对公园的入口大门进行设计，并在非常短的时间内先行建成此处。这个公园大门提供了我们在材料、节点和镂空纹路方面的尝试机会，以及在会所施工前做1:1 mock-up（实体大样）的机会，在一定程度上成为了会所深化设计的参考和施工依据。这是这个项目的一份意外收获。END

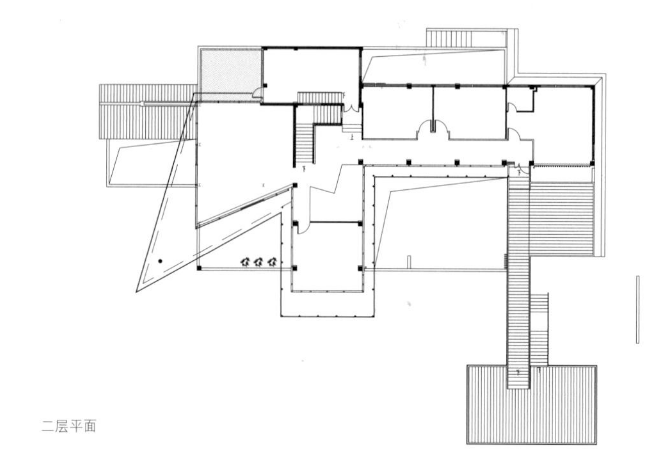

二层平面

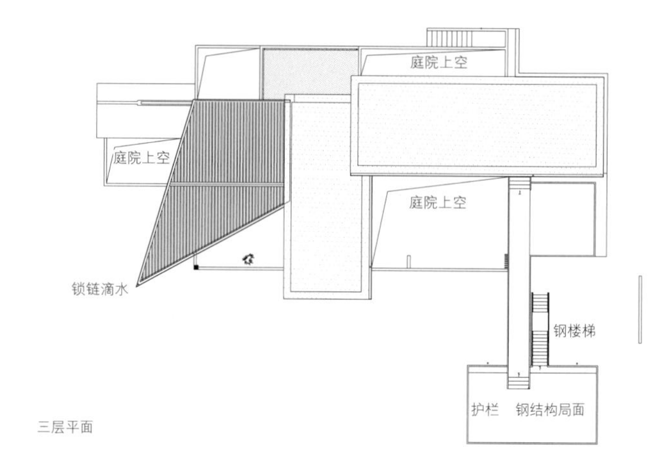


三层平面

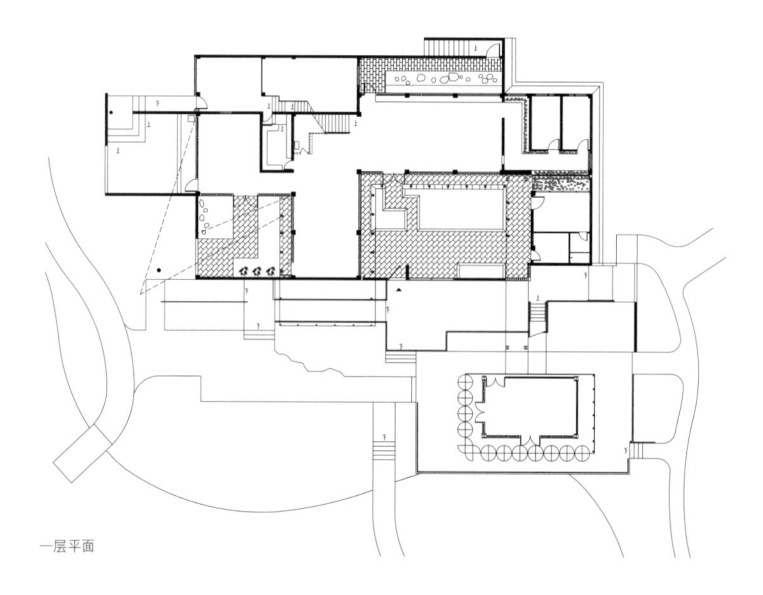

一层平面

1 各层平面
2 建筑融入周围公园景观
3 以茶叶形式作遮阳板的图像构成

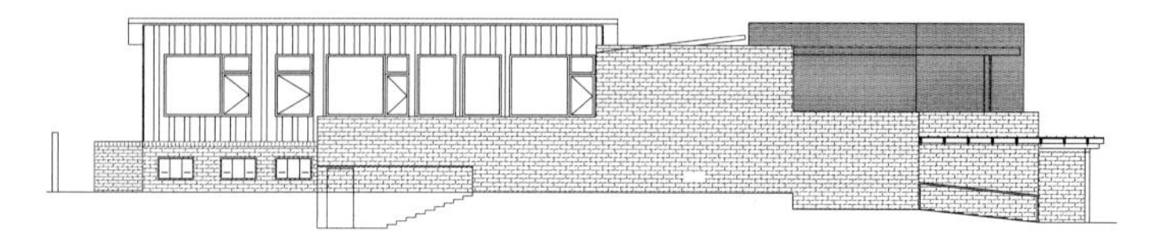
北立面

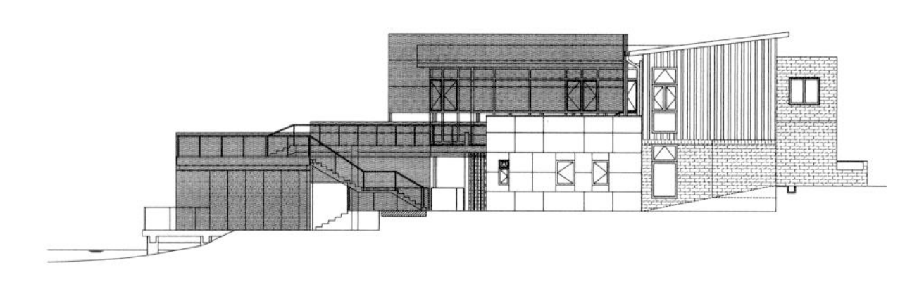
东立面

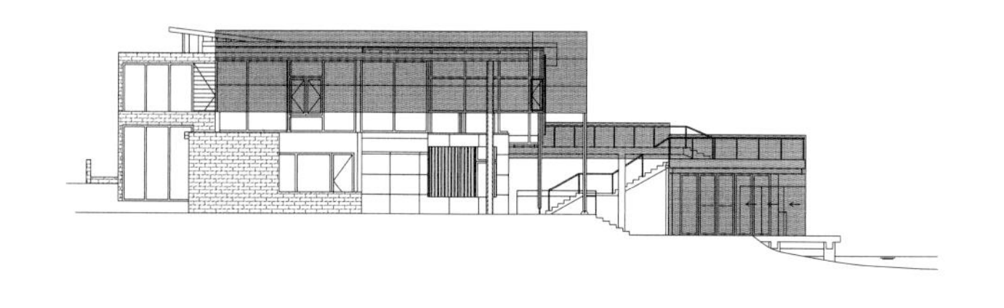
西立面

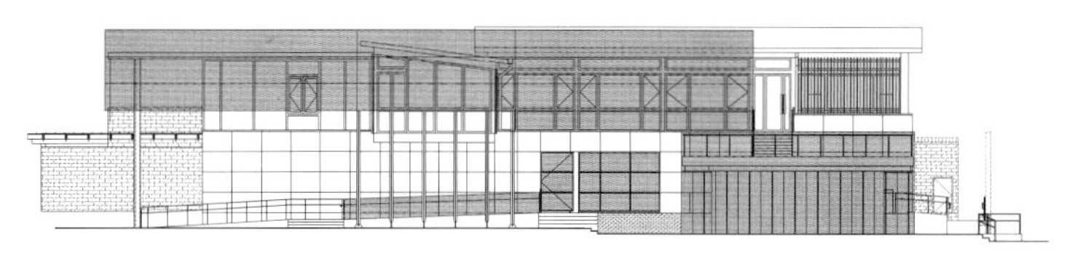

南立面 1

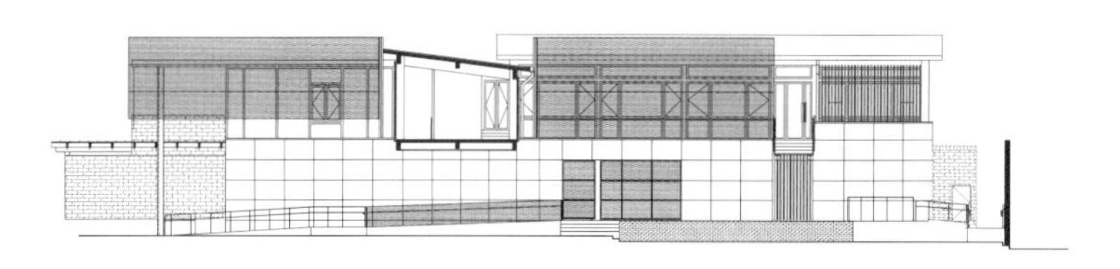

南立面 2

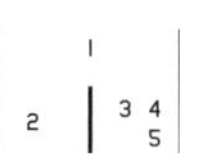


1 各方向立面
2 会所入口
3 庭院夜景
4 公园入口大门
5 水榭茶室廊道

# 南宋古韵——凤凰山脚下的老建筑

# OLD BUILDINGS AT THE FOOT OF FENGHUANG MOUNTAIN

撰 文 | 王瑞冰

与西湖、中国美术学院、浙江美术馆咫尺相临的南宋遗址，杭州万松岭馒头山社区的凤凰山脚路，在这里，随处可见老杭州城的市井风情，小马路、小人家，有慢悠悠在街道走过的居民，有多年安居乐业的沉淀与踏实；而凤凰山上茂盛升腾的树林，曲径通幽，则依然掩映着往昔南宋帝国气象；这里是杭州的树根，越扎越深，始终弥漫着时间赏赐之美。如今，这里落着的三处老房子——空谷艺术空间、凤凰山庄、典尚院落，它们试图在时光流转中，依附并吸纳这座城市的美丽，在坡地高差中，把现实和记忆无隙缝合，继承与转换这里的美学价值——南宋文人的雅致与社交文化，酒家的味道，并见证自己的成长……

万松岭路96号，是"空谷艺术空间"所在，是我们探寻凤凰山脚下老建筑改造的起点。掌门人杨宏第是中国美术学院毕业，画画出身，但为了能保持"看"的客观状态，现在已几乎不画。在五年前（2007年），他将这里一个青砖灰瓦的简易老房，找人改造成了展示当代艺术的空间，主人的"不画"状态，某种程度上也塑造了这个空间的形态、气质及精神状态，"有些改造是做加法，我们是做减法，是要把它变成一个最简单干净的空间，才能更好展现艺术作品。"杨宏第希望把当代艺术像一块石头般投入空谷，发出声响，然后慢慢扩散传播。中国当代艺术界不可忽视的三位实验艺术家——艾未未、张培力、唐宋曾为空谷发出第一个声响，随后，艺术家颜磊、宋永红、梁栓、王公懿、何云昌、马树青等陆续聚集于此，以作品表达对当代艺术的追求、理解及对未来的判断。这个老房子因为杨宏第和这些艺术家，在南宋遗址的古韵中，承载着一份关于当代艺术的探索。

# 空谷艺术空间

资料提供 | 空谷艺术空间

地　点 | 杭州万松岭路96号

# 凤凰山庄

资料提供 | 汉品艺术

地　　点 | 杭州凤凰山脚路164号
主设计师 | 王喆

沿凤凰山脚路往上，是落于凤凰山半山腰的凤凰山庄，这里原是工艺雕刻厂，为延伸其艺术底蕴及南宋人文脉象，主人兼主设计师王喆在旧厂房基础上，将其改造为美术馆和艺术酒店。青砖墙面斑驳，新种凌霄攀爬其上，建筑半隐半现于凤凰山一望无际、鸟鸣如歌的百年生态樟树林中，不求突兀、但求顺势自然，随处可见的玻璃框景，更使建筑与自然林木、阳光、雨声相互渗透、吸纳。酒店内部以中国传统山水画中的黑白为主色调，空间及色彩皆求“简”，设计者希望以更符合当代人生活习惯和审美的现代手法，延续南宋极简、素雅的审美偏向，达到传统文化的再生和转化，营造现代禅意。主楼有14个房间，每个房间格局另类，大小不一，以顶层房中厅最具特色，不仅可作客房，也可作餐饮包厢，拉开窗帘即可见杭州钱江四桥，俯视凤凰山，且有露天浴缸，入夜时可边观天象，边品红酒，边沐浴。

主楼边，千米蜿蜒、冬暖夏凉的防空洞原貌基本得到了保留。这里没有多精贵的材料和家具，原始粗糙的走道墙上轮次混杂放映着样板戏、美国大片、音乐剧等，中外、古今声影的复合，让人体验到莫测的时空穿越幻象。防空洞里的酒吧及传统茶室，皆以酒架隔断，酒架上的法国红酒瓶以绘有图案和诗歌的宣纸包裹，浓郁的醉意与艺术相互交叠。

酒意四溢，艺术气息更无处不在，从书吧里的专业画册，到每间房间的杂志画册及原作，再到走道及大堂中以专业展厅要求布置的艺术家代表作，更不要说主楼边上的汉品画廊，从书吧到专业展厅，随意走动，都会偶遇艺术作品，黄骏的当代水墨、曹力的布面油画、罗中立的纸面水彩、张浩的宣纸水墨、沈烈毅的雕塑……

“王喆营造的是能看山、看天、看地，能够发呆的窗子，但一回头，是他的收藏，靠这些收藏，建立友情，建立跟社会的交流，建立可以影响社会的价值观。”在自然和艺术背后，陈耀光认为，这间酒店还承载着他的朋友——王喆从单一的设计师转换到多元的企业家身份过程中所付出的代价、体验、痛苦和思考。

凤凰山庄这块地租来后，因不知如何雕琢，曾有三年空置期；最终决定做艺术酒店后，麻烦仍层出不穷——要搬走菜场，要通电、引水、排污，要解决房产证问题……“这些工作不亚于设计几个项目，比决定装修用什么材料复杂十倍。”王喆认为，要有足够大的胸怀去容纳进所有好东西，然后加以提炼，强大自身。他最后把自身的“世俗、高雅、理想、现实、历史、现在、未来”整合为一体，以空间三维的方式，通过凤凰山庄，呈现出一个如陈耀光所言“反叛、高傲的价值观：一个乙方也可以做出甲方想达到的境界，艺术是不打折的，设计是不打折的。”

凤凰山庄已成形，还在不断成长，逐渐以更适合它的方式，丰满血肉与羽翼，经营者会不断从世界各地，不论都市还是深山老林，挑选、收集家具、洗漱用品等来充盈它，定制家具、进口卫浴、高端棉织……德国洗护组合、日本松针精油浴、澳大利亚熏香……道地食材和各国小点……这里有艺术、设计、传统、自然，是为感觉、为精神而活着的人的宴饮和休憩之地，“大隐隐于市，小隐隐于林”。

**1-2** 建筑半隐半现于凤凰山百年生态林中
**3** 大堂
**4** 汉品画廊
**5-6** 客房

1 艺术书吧
2 防空洞内的茶室
3 千米防空洞原貌基本得到保留

# 生长中的院落

资料提供 | 杭州典尚建筑装饰设计有限公司

地　点 | 杭州凤凰山脚路7号
时　间 | 2003年至今（第一期：办公楼）
2008年至今（第二期：厨房、食堂、包厢、茶室）
2010年至今（第三期：仓库、私人收藏室）

凤凰山脚下的古老村落里，阡陌交通，鸡犬相闻。2003年，陈耀光将公司从CBD闹市区搬迁到了老城区，在南宋遗址古皇城旁租下四亩地和一幢上世纪五六十年代的老房子，改造成自己的“办公车间”，这是陈耀光“第一次不问时间、不问成本地为自己做的活，很花精神，可是也很享受”，这一打造就是一年，而且陈耀光现在还在不断精心打磨中并继续享受着。在他看来，他一眼相中的这个空间应是对一种理想环境的判断，也是自己的心灵休憩所在。这次搬迁是陈耀光与他的合伙人团队作了多年设计，探寻自我到一定深度后的一次自我觉悟：逃离都市的嘈杂与无奈、竞争与密度，向往自然、从容不迫的节奏，以及谋求少而精的创作及经营理念。

原始牧歌时代般的旧节奏仿佛刻进了这个院落的骨子，渗入了水土中很深很久很年代，固执到了不受任何当下商业、多媒体和科技办公等时代潮流的影响：看门的大伯与狗，原木与原砖的纹理仍继续琢刻着自然的宁静与生命。这里与陈耀光相契：散漫、自然生长的江南露天院落里，有高达三十多米的百年茂密古树，斑驳树影落了满地，还有虫鸟争鸣、花香、草地和蓝天，还有他原创的树灯、石雕、铜铃……院落里的人可据随时感知到的天色和随环境变幻的心情，更换院中灯笼的亮度和背景音乐……自然的声音、自然的颜色、自然的现象，人和物在富裕的空间里以松弛的节奏相处着。这个办公空间更像充满神奇故事的天然院落；凤凰山上古老神秘的湮没历史也似乎正隐隐敞开大门，与之呼应、畅和。“创作感觉与环境有关”，陈耀光在自家小院“会想到自己的灵魂要听一些什么东西”，他不断修炼、醒悟，小院也在四季轮回中不断成长。

2008年，不安全的地沟油中餐外卖让陈耀光起了改善员工饮食的念头和行动：“办公车间”后侧的院子一角被辟出两间小房，用作厨房和食堂。每到中午时分，厨房师傅会敲响悬吊在屋檐上的铜铃，院落里的人闻声纷纷自发从“办公车间”走向楼梯，跨过台阶，踏着上百年历史的石板路，穿过树荫和院落，来到食堂，整个过程就像在穿越空间的间隙，闲庭信步。

特别值得一提的是，厨房边的一间所谓的包厢餐厅，陈耀光喜欢称之谓“食堂”，两面砖砌白墙布置着他拍摄的世界各地风土人情照片与密集的签名痕迹，这里是以院落主人为中心的社交群体灵魂与情感的理想场所，南来北往全国各地的同行、建筑师、业主、艺术家、收藏人士……他们在这里流连忘返，喝着小酒，品尝杭帮菜，陈耀光说菜里有家乡母亲的味道。墙壁上签满了人名，有慕名而来的访客，也有志同道合的朋友，他们享受着彼此差异带来的营养而不断自我丰富。这里更像是一个贮存所，驻守着一种建立于共同兴趣和世界观之上的友情，驻守着一种回避都市繁杂、寻找心灵理想休憩所的渴望，驻守着一种岁月流淌、沉淀的痕迹。这种沉淀由于墙上不断刷新的签名而增加。应该说，在这个“食堂”里陈耀光已收藏数不清的友情。

如果2003年在此改建办公空间是典尚逃离都市后所作的生存选择，2008年的改建食堂则是典尚在这个院落里的生活改善，“安居才能乐业。我要把这里做成一个村庄概念，一个自然的小院落，一个多元的综合体，可以在这里工作、吃饭、社交，然后慢慢还可以展示自己的爱好。”陈耀光说。

收藏，就连陈耀光自己也记不清什么时候开始喜好收藏的。2010年，当收藏达到一定数量，陈耀光租下了食堂围墙后的一处大仓库，用作存放这些旧器物，泥塑、烟斗、根雕……上海上世纪三四十年代的art deco家具、欧美经典家私、旅游后带回的异国文化…… “他们可以把一个木头和毛竹，经过

1 第一期前院原貌
2 第二期“典尚食堂”修建中
3 第二期后院午后
4 院落总平面
5 第二期食堂后院
6 第一期后院
7 第一期“办公车间”大厅楼梯
8 第一期“办公车间”交通空间

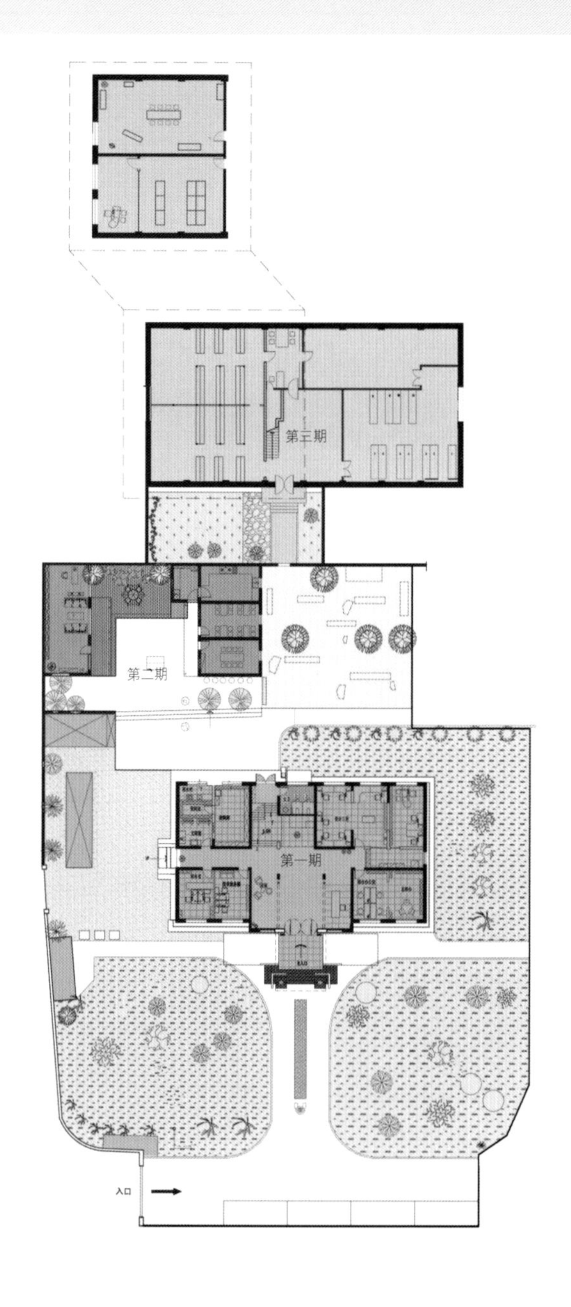
第三期
第二期
第一期
入口

1 第二期后院，巴厘岛艺术开放式展馆
2 第二期后院茶室
3 第二期“典尚食堂”签名墙
4 第二期“典尚食堂”夜景
5 第三期仓库原貌
6 第三期仓库院落，江南园林石雕开放式展馆
7-8 第三期仓库一楼，私人ARTDECO收藏馆

选材、选形、包浆，到最后打磨成佩戴的精致玉器一样，天然的造型，加上经久人文的雕琢，这些小小的器物里有时代、历史、人物，有对生命的敬畏、感恩和珍惜。”陈耀光摩挲着这些旧器物，“为什么以前的人可以活成这个样子？”这些人把对文化、生活的理解物化在艺术品上，抵抗着时间和空间的束缚，塑造出一种永恒的魅力，薪火相传。在厌倦了工业社会里盛行的大批量机械复制后，对陈耀光来说，把玩与欣赏这样的手工旧器物，是在“赏析超越物质形态以外的精彩和稀有，感叹精工细作的讲究与从容。”

陈耀光还收藏旅游，餐厅对面的茶室是他专门收藏世界各国文化的地方，“我在世界和中国各地游走后，都要一件象征性的纪念器物，让他们蹲在这里的柜架上。”这个茶室，由此构成了一幅立体的地图，一次集中的旅游门票陈列，一个陈耀光个人自我生活历程的展示。“我的收藏很多、很杂，有20多年了，但严格地来讲我只是一个业余的收藏家。我的收藏一般很少有保值或增值幸运，但都是与曾经亲身游历过的记忆、故事有关，而且是为自己赏心悦目的东西。”对于收藏，陈耀光更在意能否把玩与欣赏，他更在意是否与他的院落一样美，第一时间能打动他的美；是否有故事，最好是凝结着大量的时间和非凡的智慧以及纯手工的痕迹。

2003年到2012年，九年，遮天的百年老树在四季循环中不断转换颜色，从春天的嫩绿到秋天的落叶；从阳光明媚下的斑驳树影，到夜晚树枝下的灯笼在风吹之下，不断摇弋风铃；还有围绕着院落的昆虫、小鸟、蝴蝶及来自草坪的虫类声音；更重要的，院落里的人、天南地北的同行在这里留下了生命的足迹，他们上楼梯的声音、脚踩着落叶走过石板路的声音、厨房切菜的声音、酒杯碰撞的声音、摩挲收藏品的声音……还有夜晚漫射的灯光下，树根和石雕阴影蕴藏着的东方神秘气息……在岁月的精雕细琢之下，这些流动的声音和气息赋予了天然的院落造型以洗不掉的奇妙情绪和故事，使之渐渐伴随着自然生命体有节奏地沉淀、自然“生长”，陈耀光认为“设计的最高状态是看不出做作痕迹的，就像岁月一样，是自然流出来的”。

凤凰山脚下的这个院落从第一期为生存，第二期为改善，到第三期为自我精神的体现；这种自然生命一般的生长因位于南宋遗址的凤凰山脚，与都市闹区近在咫尺，显得更为珍贵，动和静在这里交汇，古和今在这里融合，每时每刻，碰撞和成长在这里发生。这是典尚的大宅院，一个古村落，一种自然流出的真实痕迹，一种生命的活标本。END

| 1 | 3 |
|---|---|
| | 4 |
| 2 | 5 |

1.3.5　第三期阁楼，私人欧洲家具收藏馆
2　第三期阁楼，欧洲古董器物收藏展示
4　第三期仓库原貌

解读

# 方太桃江路 8 号厨电馆
# FOTILE STYLE

| 撰　文 | 李曜 |
| --- | --- |
| 摄　影 | 吴永长 |

| 项目名称 | 上海方太桃江路8号厨电馆 |
| --- | --- |
| 建筑面积 | 2 400m² |
| 设计公司 | 吕永中设计咨询有限公司 |
| 主创设计 | 吕永中 |
| 设计团队 | 区润宇、席佳、尹秀敏 |
| 竣工时间 | 2012年 |

1 光之圣殿
2 建筑外立面
3 主入口

位于上海市徐汇区桃江路8号，临近衡山路的闹中取静的黄金地段，总面积约为2 400m²。定位是打造高端的复合功能展示平台，中心内拥有展示、体验、互动、交流等多种的功能。

在精致典雅的梧桐街区设计满足厨具产品文化体验的空间，结合地域环境特色，并能体现方太企业文化的诉求成为空间设计的核心。

由两座相连的三层建筑改造而成，原建筑的沿街立面之间前后略有错落。采用了大面积的金属穿孔网板材料，因势利导将两栋建筑完全的裹覆，使中心形成了统一而富有节奏变化的整体。灰色金属网板的表面利用冲孔大小的变化关系，抽象构成了树叶的形态，进退层次中透出网孔背后绿色底层。沿着街道看过去，路边高大的梧桐树仿佛在建筑立面上拉出了长长的投影，建筑得以悄然融入到绿色的街区中。

主入口位于建筑的中段，在主入口左侧增建垂直交通空间将平面功能一分为二，使得内部空间布局更为清晰而周密：一层为厨房展示区和体验区，二层为橱柜展示区与美食学校，三层是临展区和VIP私厨汇。室内交通组织在大空间布局的基础上相对比较迂回：在一楼的展示区，参观者在曲折环绕、百转千回之中有序前行。借鉴了园林式布局的手法，既延长了展示路线扩大空间的使用范围，又增强了参观的体验性和互动性，同时也与方太企业在发展之中不断探索前行的理念相契合。

一层的整体氛围以沉稳、静逸为主，内部灯光都集中聚焦在墙面上的实物展品上，所有的展品都巧妙地放置于画框当中垂直于墙面，这种独特的展示方式一方面凸显对展品的尊重，另外也营造出一种艺术画廊的优雅氛围。

三层高的挑空中庭，中庭内部有二楼的一条空中水平穿越，外部的自然光通过立面垂直、错落有致的木格栅散落在中庭的内部，戏剧化的明暗处理使高耸的中庭如同一个“光的圣殿”，高大而密集的木格栅墙面则喻意着“众人拾柴火焰高”的旺盛精神，使人感受到先抑后扬的巨大上升气场。

二层的明快轻盈和一层形成对比，橱柜展

区的有序与简洁、美食学校的开放和舒展使得空间增添了更多参与的乐趣，三层除了精致典雅的VIP私厨之外还特意设置了一片临时展区，结合桃江路的地理文化优势可以满足品牌举办各种主题活动的需要。

融合了金属的明快与冷峻、石材的厚重，更多的力量感，低沉、稳重的调子与企业探索发展的趋势相吻合，细节中的生态小花园、水池、木质格栅等多种材质的搭配点缀又与中国五行元素的概念不谋而合，自然光由上而下地贯穿室内，让空间颇具灵性。END

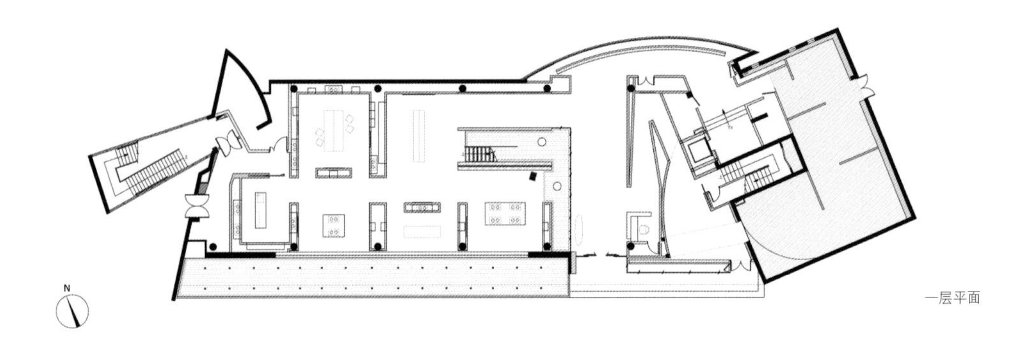


一层平面

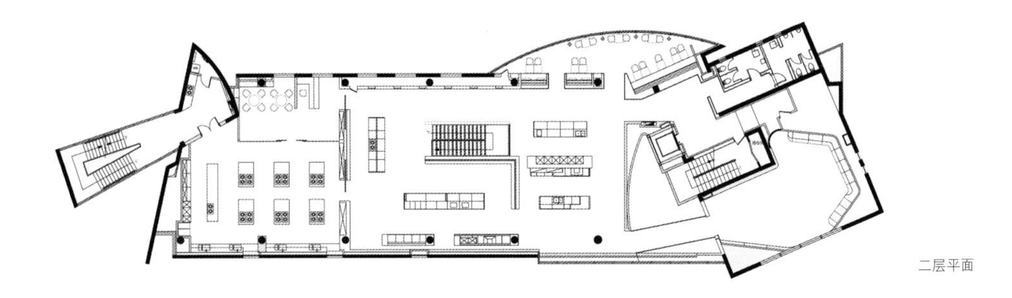

二层平面

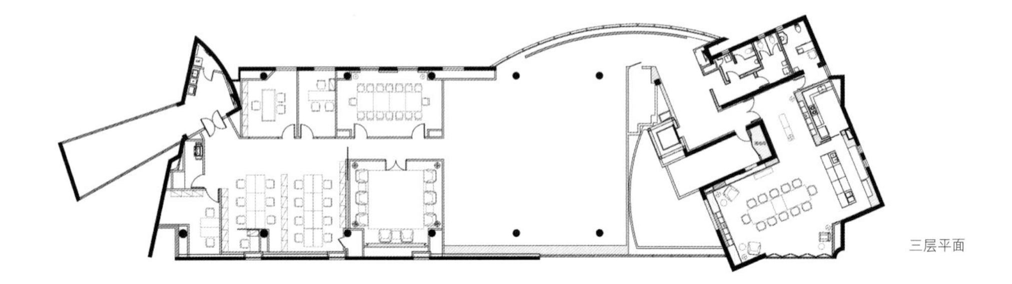

三层平面

| 1<br>2 3 4 | 5<br>6 |
|---|---|

1 平面图
2 光之圣殿
3 光之通道
4 光之通道之“火之舞”
5 展厅
6 厨电展区

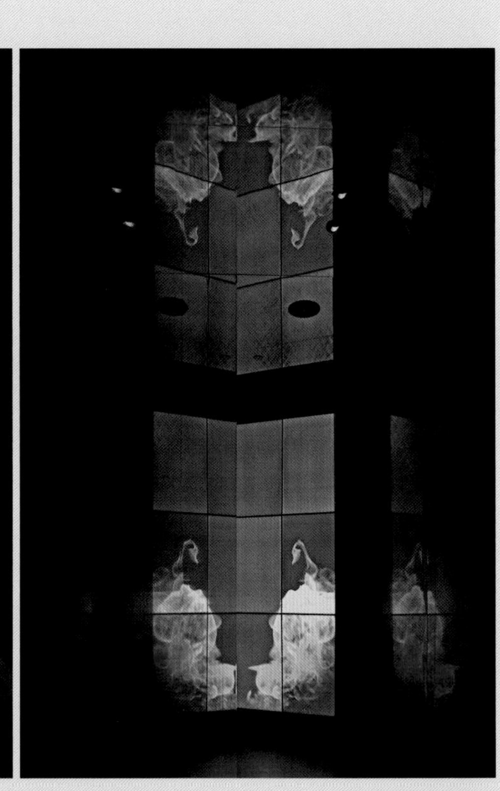

| 1 2 | 4 5 |
| --- | --- |
| 3 | 6 7 |

1 展厅楼梯
2 展厅过道
3 橱柜展区
4 方太模型构成图
5 二楼咖啡吧
6 三楼私厨汇一隅
7 私厨汇

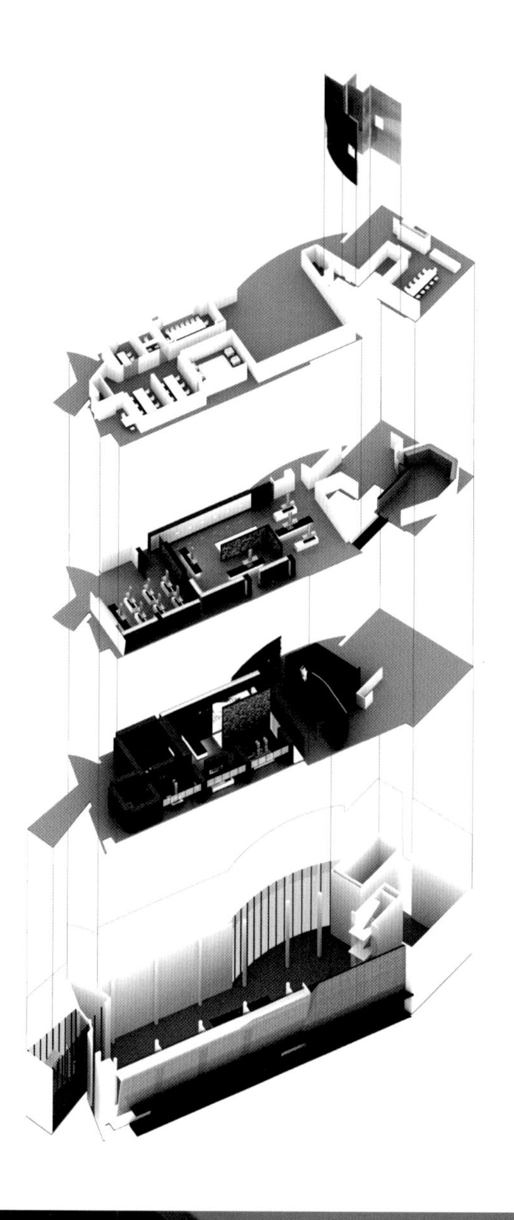

# 外滩老码头 SOTTO SOTTO 奢侈品专卖店

# SOTTO SOTTO

摄 影 Peter Dixie
资料提供 汉象建筑设计事务所

地 点 上海
面 积 1 400m²
设 计 汉象建筑设计事务所
设 计 师 刘飞
主要材料 爵士白大理石、不锈钢镀钛板、木板
竣工时间 2012年8月6日

1　鞋类展示区
2　平面图

SOTTO SOTTO 地处黄浦江畔，位于一片老仓库片区，这是被人们称为老码头的地方。十六铺、李鸿章、青帮巨头黄金荣及杜月笙、中国船王卢作孚、民生公司……这些名词组合在一起成就了老码头的历史底蕴，也塑造了如今新旧融合的最好典范。这里曾是上海最繁华的货运港口；如今 SOTTO SOTTO 选址这里，这里是集奢侈品购物、咖啡休闲、红酒雪茄、艺术品欣赏拍卖，更将结合原创家居品牌，来倡导一种全新的购物体验及家居生活方式的休闲场所。

有人说如今奢侈才是第一生产力。《奢侈至上》这本书曾形容，今日，除了演唱会现场能看到成千上万的人排队，还能在哪儿看见有人山人海的景象？答案非常让人瞠目，奢侈品牌旗舰店的门口。现今的中国全方位的政治、社会、经济的变革，导致了中国消费者用穿戴奢侈品的方式展示自己。我们的意志越来越坚强，心灵却越来越柔软。都市中身着盛装、时髦干练的上班族更奢望有一个放松慵懒、泡杯咖啡靠在沙发上晒太阳读书的去处。SOTTO SOTTO 正是体现了这种外表坚强，内心柔软的场所。每个人都不只有一面，每个人都是丰富而立体的。我们喜欢名牌，渴望拥有好职业好生活，但我们也喜欢朴实，渴望拥抱大自然，向往返璞归真。SOTTO SOTTO 原本两层结构互不相通，所以我们在店内重新打造了两部楼梯，使上下垂直交通能够方便运转。其一层及二层前半部分的购物区为我们打造坚强的外表，而二层的后半部分靠近黄浦江的咖啡区则给我们提供了一片心灵休憩的港湾。品上一杯咖啡，看江上船来船往，任江风穿过发丝，畅想昔日之繁华。

在这片老仓库中，设计中以对老建筑的尊重和保护为前提。将老仓库的可识别性与历史感和新的环境结合起来，努力实现城市建筑的可阅读性。设计师认为，城市老建筑应该像文学一样，是可以阅读的，可以阅读她的历史和意韵。这无关乎风格，所以我们保留了原来的梁柱、墙面，对内部进行重新加固，使建筑产生强烈的新旧反差。在材料选择上，我们收集了许多从老房子内拆出来的旧木板，和镀铜的不锈钢材质进行对比产生反差，意欲表达新旧时代的碰撞。地面采用水磨石和仿古做旧的地板，这种仿古做旧不是传统意义上的染色，而是要展示木材经过风吹日晒所特有的质感。在咖啡区我们用植物墙打造了一个自然、放松、写意的环境。在这里所有的植物都是真实的，它们和我们共同呼吸着，这里是让快节奏生活停下来的一个场所。在轻松的购物环境下，可以回顾从前，畅想现在和将来。这里有的只是记忆，老建筑的记忆，所处时代人们的记忆，老木板、铜片、老建筑的梁柱的存在只是为了提醒人们在这个诗意的空间中找到自我，回归本我。END

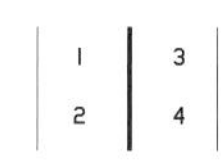

1 鞋类展示区
2 入口楼梯
3 男装区
4 前台

消
FIRE

| 1 | 4 |
|---|---|
| 2 | |
| 3 | 5 6 |

1 过道墙面
2 卫生间入口
3 咖啡吧吧台
4-5 咖啡吧
6 雪茄房

# 生活演习 —— 2012 建筑空间艺术展

采　访 | 王瑞冰
资料提供 | Archichoke文化传播机构

“生活演习——2012建筑空间艺术展”由建筑师刘宇扬、冯路与上海当代艺术馆策展人王懿慰联手策划，于2012年8月4日～9月2日将位于繁华市中心的上海当代艺术馆模拟为人民公园中的一个家居场所，将展厅规划为10个生活必需空间，包括客厅、厨房、卧室、浴室等，参展建筑师通过设计充分表达对各主题空间的理解及其生活理念。展览并非简单再现典型的家居环境，而是引人深思的重新阐释，每个独立空间仿若一个问号，探讨人和空间，建筑与城市间的微妙关系，给现代人的居住环境乃至生活本身带来一种新的可能……

© 孙瀚申

**ID =**《室内设计师》
**刘 =** 刘宇扬
**冯 =** 冯路

**ID** 这次展览的缘起是什么样的?

**刘** 缘起是上海当代艺术馆(MOCA)提出有意做一个跟建筑有关的展览，因为今年中国建筑界很热闹，特别是王澍获得普利兹克建筑奖；但今年也很诡异，经济形势跟往年不一样，房地产政策跟经济大环境的改变让房地产市场或建筑业面临很大考验，也给建筑师带来危机感；廉租房或经济适用房政策，又将有可能改变很多年轻人买不起房或中低收入者的居住情况。在这样的契机下，我们作为独立建筑师，促成了刚成立不久的 Archichoke 文化传播机构与 MOCA 合作主办这场展览，这同时也是两家机构首次将建筑与艺术相结合的展览。

**ID** 为什么取名叫“生活演习”?

**刘** 因为我们希望把关注点放在日常生活空间，而不再是宏伟的地标建筑；而“演习”带有一定的临时性和危机感。我们希望透过这个展览，唤起人们对原本习以为常的生活空间的审视和思考。有意思的是，参展建筑师的过往作品大多以公建为主，但我们认为好的建筑师绝对有能力而且非常希望能介入居住空间的设计，他们之前大多做公建，不是因为他们没能力做居住空间，而是大环境没给他们广泛机会做大量更有意思的住宅项目。这次的展览要求建筑师重新定义什么是生活空间，并希望通过具有创造力和想象力的空间装置，就像 Iphone 那样让人想象不到——“原来也可以这样！”，而产生出一种以不同的空间模式来引导市场的可能性。这就是我们的根本意图。

**ID** 参展建筑师的选择标准是什么样的?

**刘** 一开始觉得很多事不一定要往外铺得很开，由于展场是在上海，策展人也在上海，我们主要锁定以上海为实践根据地的本土和国际建筑师团队，同时我们也邀请了来自深圳的冯果川跟北京的直向建筑，以增加参展建筑师的多样性。

我们首先要非常了解这些建筑师的作品和创作思路，彼此有契合点，才能跟他们产生对话，而建筑师通过策展人也能更好理解展览的主题和意图。比如选张佳晶做次卧，是因为他前不久刚做过经济适用房的调研及概念性作品，能够透过次卧这个题目表达一些社会层面的建筑概念；选庄慎做客厅，是因为他一直关注公共空间的混合性、复杂性；选 KUU 做厨房，是因为他们在浦东的一个项目，在两栋房子中间设计了一个共享厨房，两家人可以同时到厨房煮菜，这个概念很有意思，但没想到 KUU 最后拿出了完全不一样的方案，用厨房行为架构厨房空间，做成一个分散、碎化的空间，这同时也说明他们的设计思考在不断地突破自我。

**ID** 整个场馆的空间规划是如何考虑的?

**冯** 我们想把美术馆变成某种意义上的“人民的 Villa”，参展建筑师通过自己的阐述和发挥，在里面布置不同主题的空间，有客厅、餐厅、卧室等，

© 申强

这些空间跟我们非常熟悉的家的空间有点不一样，但正是这种陌生感形成的刺激是我们希望带给观众的，可以让他想点什么，让他下次对设计师提要求时，会提出一些更好玩的东西，而设计师面对这样的要求，又会有触动，这是比较好的循环过程，这是我们希望的一个结果。空间规划上，我们把客厅、餐厅、厨房、花园这些公共性相对较强的空间放在一层，可以让人自由游走，体现比较热闹的公共活动和交往空间，提高参与性，整个流线比较散漫无序，区域有分割，但整个空间还是连在一起的，我们不希望有很常规很明确的参观路线；二层是书房、卧室、客房、儿童房等相对私密、个人化一点或跟身体有关的空间。这样一个流线，也是希望参观者能寻找到不一样的乐趣，给日常生活带来一些新的东西。

**ID** 这个展览还关注互动性，怎么理解空间的互动性?

**刘** 互动很重要。我们发现大家对建筑空间的理解经常是透过杂志或网络，看到的是纯粹图像化或符号化的建筑，而非直接的空间体验。这样长久下来造成大家对建筑的误解——建筑是可以靠一两张效果图或照片表达。真正的好建筑需要透过更真实的体验和互动才能获得，而互动性的最终目的是激发大家的参与意图，并深刻感受到能被人使用或能参与其中的乐趣。能让人在里面生活的建筑，才是真正有生命的建筑、美的建筑。

**ID** 具体各个展品如何达到这种互动性呢?

**刘** 展品的互动性又跟建成建筑不太一样，是短时间参与，每个主题有不同手法，没有绝对标准。一般来说，一是声光电，这是一般装置艺术比较常见的手法；另外是利用空间本身的特殊性形成互动。比如浴室通过视觉上的神秘感、空间上的压缩感，让人特别想进去一探究竟，进去后看到有灯光一闪一暗，就会尝试触碰它；书房构造则非常特别，相比客厅较小，就可以把一些适合的活动如香道分享会放在里面，而且书房的透光效果也特别符合香道分享会。

**冯** 还比如厨房，就把原本完整的厨房台面抽象碎片化，人在碎片空间之间游走、活动，烧饭或其他，而不是一直待在一个地方机械做事；餐厅里的碎块则可以拼成一个完整大方桌，又可以拉开变成具有不同功能的东西；主卧则反映人的非常私密的身体和身体相互影响的关系；儿童房，进去之后，会发现脱离了熟悉的平稳地面或进入了不稳定状态；次卧则探讨高密度居住的可能性，可以住很多人，人会想爬上去躺一躺，这些都是互动。

**ID** 这次展览还采取了建筑师跟艺术家合作的模式，这种合作模式会带来什么效果?

**冯** 建筑师和艺术家看问题的角度其实不太一样，我们觉得这能形成一个比较积极的对话关系，获得一种比较新鲜的感受或展览模式。国外的当代建筑师，其实跟艺术家合作蛮多的，像赫尔佐格 & 德梅隆的很多材料都是跟艺术家合作的，建筑师主导造房子，艺术家可以帮助拓展一些创造性。

**刘** 刘晓都在开幕论坛讲座中提到建筑师一般往外看，对外界、对城市的感受很深，但也因为外部有太多事情，而往往不容易进到内心；艺术家可能就比较内省，往往会从内心活动出发。这两者的结合是互相取长补短的，可以让双方进行重新思考，让人产生一种质变，建筑师下一次做设计时，可能就会有一个新的姿态，两者合作最大的价值也就在这里，而非一定是具体的作品。

**ID** 在策展过程中，遇到的难点是什么?

**刘** 每个建筑师都是很强的个体，都有自己的想法、自己的实践经历，所以策展人要尊重这些很强的个体，但我们要展现的是一个群体，不能只展现个体，所以要做协调、平衡，就像编舞，本身不舞蹈，但要让每个舞者在舞台上都有很好的呈现，每个舞者都有自身的舞蹈美学，个性也很强，但总体又要很和谐，这个平衡就蛮考验人，但也应该是最有趣的。策展就是要在各个展品之间贯穿理念，在呈现上、空间上，包括颜色、比例各方面都要去做出判断。

**ID** 怎样去判断一个好展览呢?

**刘** 好的展览，我觉得大概有三个要点，一是一定要有突破性，要能够在原先基础上，去尝试没尝试过的东西，哪怕失败也有意义；第二，要有一定的普及、传播效果，虽然是专业展览，但民众至少要看得懂，能感受到总的展览主题和策展思路，而接不接受则是另一回事；第三，能留下一些文献史料比如画册、录像记录等，有学术价值，让后面的人有迹可循，然后做突破。如果能做到这三点，应该就是一个不错的展览。

**ID** 刚开始讲到展览缘起时，提到了今年形势的变化，建筑师该怎么去应对这些变化?

**刘** 变化有外在和内在的，太多不同情况同时发生时，其实很难预判该怎么回应，我倒认为每个人找到一个自己比较擅长的点，把这个点好好保持住，然后可能会看到很多以往不熟悉的东西，但不要回避这些东西，前提是你得对它有兴趣。比如我之前也做过一些策展工作，我觉得有意思的是，透过展览的合作让建筑师和艺术家对本身的创作有所对话，也让受众——不论专业或非专业的——对身边的空间有所启发。策展工作需要经验的积累，也需要团队和资金等各方面的配合，但我们觉得它有意义，就开始推动，希望让建筑展览步入更专业、更成熟的模式。透过细心策划的展览，我们希望引导社会对建筑能有更深度的认识，并建立健康的价值观。

**工作室**

**参展建筑师：冯路**

工作室有两个任务。其一，作为展览的“序言”空间，摒弃通常的文字序言，而采用设计作品的简介、草图、模型及二层的放映室来呈现，体现设计展特点；一层工作室空间和二层放映室间也建立了一种空间上的直接联系。其二，正如工作不是一件私人的事，而必须建立在复杂的各种从此到彼的联系之上，工作室空间的设计概念也是“连接”。从此到彼，不仅是工作室空间设计的概念和名称，也是这个世界始终如一的状态。

**客厅**

**参展建筑师：阿科米星（庄慎、任皓、唐煜、朱捷）**

一条闪烁、柔软、缓慢移动的“墙”，介入日常生活的空间，不停变化并组织起或大或小、或开放或封闭、或独立或成群的场所。墙身曲折而不再坚硬，空间变化而不再稳定，时间流转而不再无形。开幕、讲座、酒会等特定空间，是时间暂停的状态。穿过大大小小的洞口，边界何尝不是通路。客厅，不能缺少多元不公共；当下，无法回避流动不变化。

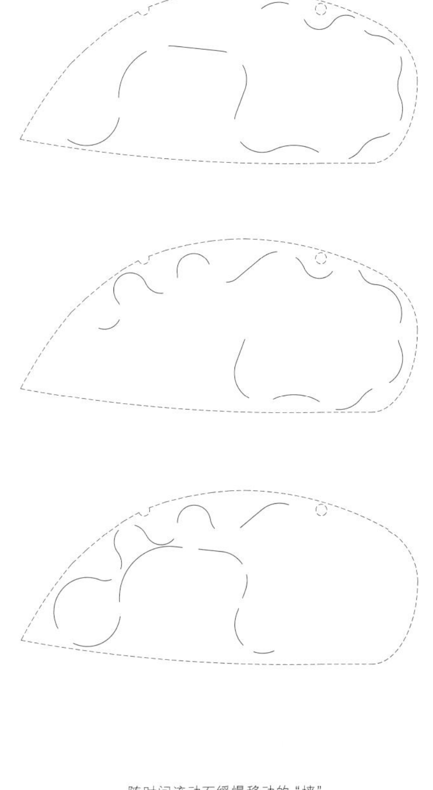

随时间流动而缓慢移动的“墙”

### 厨房

**参展建筑师：KUU**

KUU 试图彻底打破现代整体厨房的沉闷模式，将厨房打碎成各个小部分，炊具、佐料、食物、水槽等散落在一个大空间里的不同架子上。人们为完成不同的厨房行为，绕行其中，这样厨房就有了新的体验。KUU 希望厨房不再是一个陪衬的设备或物品，而是成为与人们身体经历相结合的一个空间。

© 蔡峰

© 申强

©KUU

### 餐厅

**参展建筑师：直向建筑**

不同于以往的一桌一用，这里的一张大餐桌既可拆分出不同功能，变成茶几、杂志柜或麻将桌，多样活动发生的场所，满足个人对独立空间的需求；也可拼起来，让家人坐在一起。让人从中获得关于人和空间的思考，比如，多样好还是单一好？

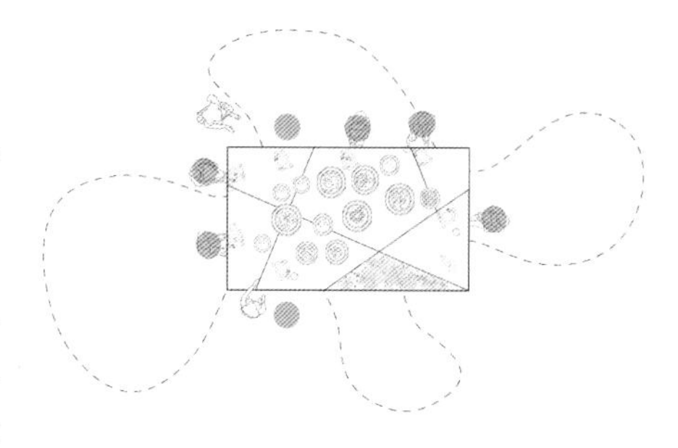

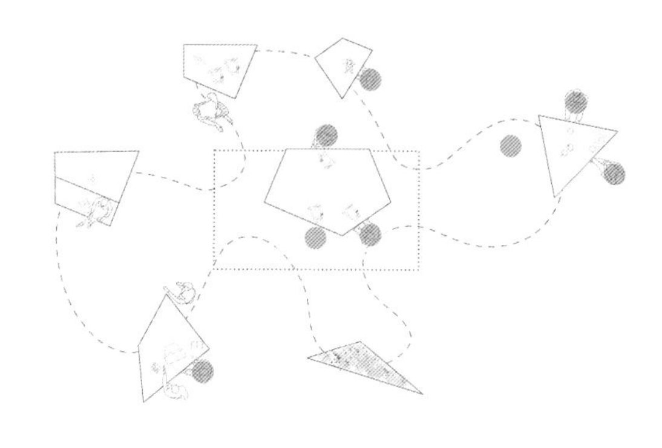

© 舒赫

© 舒赫

**数字花园**

**参展建筑师：**

**袁烽 + Neil Leach（数字未来上海工作室）**

在数字花园的四个作品中，设计师更多从建筑本体在数字与新媒体的背景下，未来有何可能性的角度进行思考。

© 数字未来上海工作室

机械花园

建筑师：数字未来上海工作室华南理工大学组

通过 Arduino 数字技术模拟机械花朵与人的互动机制，畅想一种由媒体墙主导的未来建筑空间的互动性和可观赏性。

© 数字未来上海工作室

数字花朵

建筑师：数字未来上海工作室同济大学组

通过数学运算与几何生成，在多维空间的迭代中，将数学的美融入花朵的形态中。从荷花池到 MOCA 前广场，从三维空间进入多维空间，从具象荷花到抽象数字花朵，空间与空间特质元素被转译。当该几何体的控制参数被遮阳、通风等性能元素影响并主导，数字花朵被赋予了新的性能之美。数字美学、性能化形式、多维度空间、抽象的自然，这些是设计者对未来花园的理解。

© 数字未来上海工作室 摄影：Chi Bhatia

露台天棚

建筑师：数字未来上海工作室南加州大学组

通过由环境性能和互动装置组成的网状多维时空，重新定义了城市、花园的场所关系；通过探寻重力对材料作用的可能性，在露台上编织了一个由多维几何形体组成的网状虚拟界面，赋予露台全新的视觉空间体验。

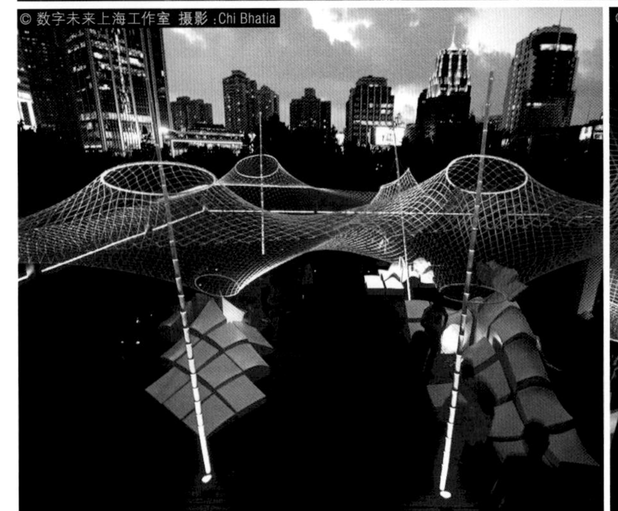

© 数字未来上海工作室 摄影：Chi Bhatia

© 数字未来上海工作室 摄影：Chi Bhatia

露台景观

建筑师：数字未来上海工作室南加州大学组

一组流动的曲线形体被嵌入露台上的座椅之间，与多维几何形体的网状天棚相呼应，为露台增添了新的体验方式与活力。

**浴室**

**参展建筑师：俞挺**

俞挺认为没有生活就没有建筑，浴室最重要的是要让肉身欢愉，肉身安顿好了，灵魂才能有机会光辉。他原本想通过浴室直接呈现古文献中许多关于中国优雅欢愉洗澡的片段，但由于投资以及场地空间限制，文献的注释被抽象成织物、光线、香气、反射和声音，并重新被组合成一个充满隐喻和暗示的空间。

© 林云瀚

© 洪喆恒

**书房**

**参展建筑师：大舍**

这间用书搭成的书房，思考焦点，在于怎么用书做一个最轻的房子，大舍最终将这个问题转化为书和夹子怎么连接的建造问题。尽管每本书都打开着，却不是准备给人阅读，这种情形与当下大多数真正的书房类似，书已渐渐沦为装饰。这让人重新思考今天“书”、“书房”与“生活”三者间的关系。

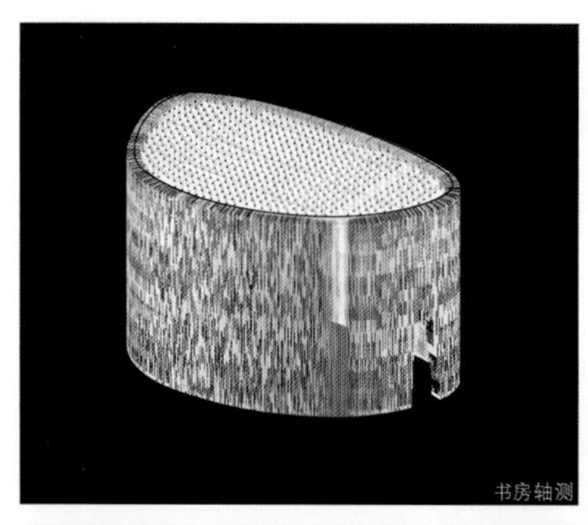

书房轴测

© 申强

© 蔡峰

**主卧**

**参展建筑师：张斌 + 周蔚**

设计师从对自身身体经验的理解出发，将主卧里冲突、协调、合作、自在等私密的身体关系抽离重置在一个空间装置中。通过半透明的围合及不同弹性的底面，界定出中心和缘侧这两个层次的空间。中心空间，对应床的空间，以高弹性的介质（蹦床）强化身体间的相互影响；缘侧空间，对应卧室中床周围的空间，用弹性材料编织出柔性界面，容纳两个身体的自在活动。它鼓励观众参与、观看并体验空间与身体关系的意义。

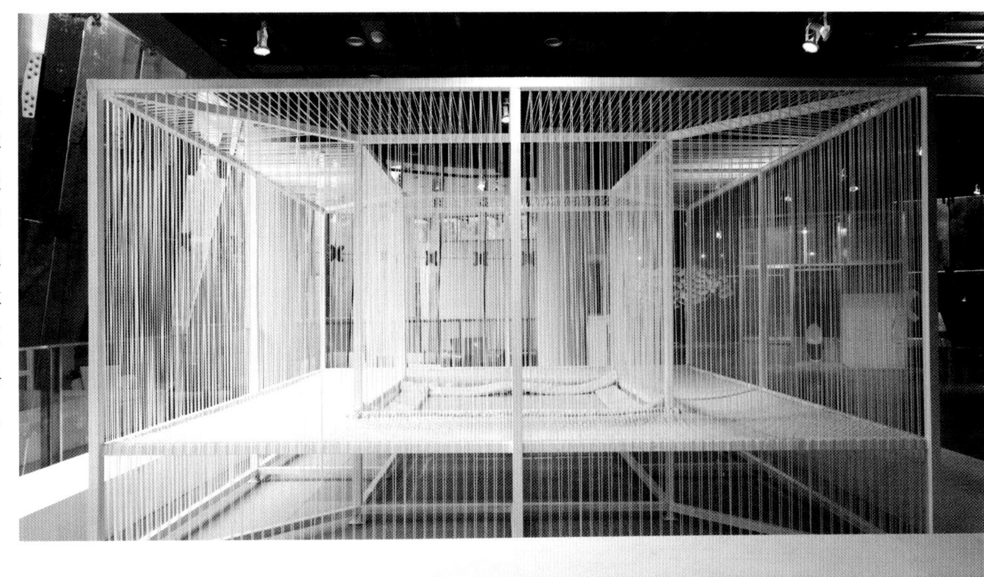
© 申强

**次卧**

**参展建筑师：张佳晶**

次卧采用一个长宽高各 3.3m 的居住单位探讨高密度居住的可能性，保留人居住的最底线，使次卧不“次”，并深入探讨了城市中公共活动空间与高密度居住空间之间的关系。由 8 个 2.2m×1.1m×1.65m 的单元，采用立体的中心对称方式，以 6（单人居住）+2（双人居住）+1（卫浴空间）的形式构成，同时满足 2 种不同的居住需求。其中双人床采用可上翻结构，反面为储物及书架结构，与前景书房相呼应的同时，提供了对床板的支撑。

© 张佳晶

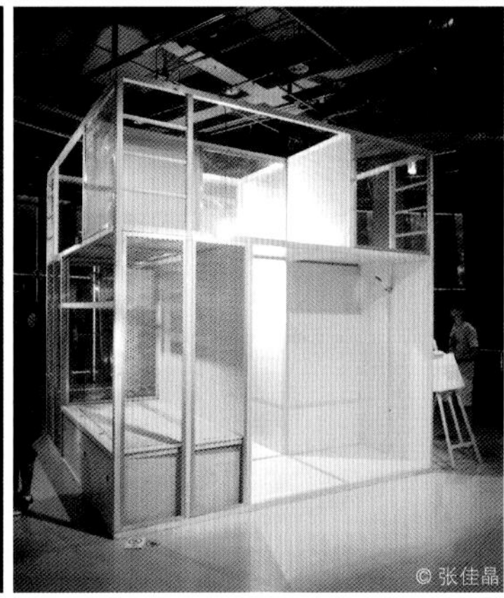
© 张佳晶

**儿童房**

**参展建筑师：冯果川**

儿童的原始空间经验可追溯到人生命之初的子宫及出生后所在的摇篮，构想儿童房时，设计师希望以儿童那种不稳定感的空间经验抵抗成人世界僵化了的空间经验，于是做了一个晃动的房间，一个空间化的“摇篮”，以探索被忽视的感官王国。整个儿童房以钢框为结构，框架间包覆张拉膜；钢框底部中央是一个轴承，四周是起缓冲作用的弹簧，当房里有人走动引起房间的重心偏离出轴承的支点，房间就开始倾斜。当房间里有多人时，人之间的相互位置可使房间平衡或失稳，这时人们可通过身体的动作进行一种含蓄的交流：或试探，或协作，或捉弄…… END

© 蔡峰

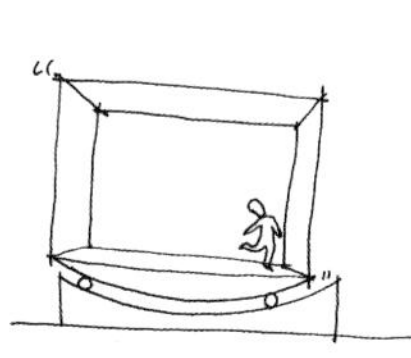

概念图

# 王澍，差异性的文化视野

撰 文 | 叶铮

对于中国建筑设计行业以及相关专业媒体、乃至大众传媒而言，2012年普利兹克奖花落建筑师王澍之手诚可谓一个爆炸性事件。各方反应不一，有赞叹、有质疑、有深思、有探究……知名室内设计师叶铮特撰文以示激赏之情，作为媒体，无论认同与否，我们亦乐于提供传递各种不同声音的舞台，为读者带来更多观察的视角和思考的方向。

王澍获得了2012年普利兹克建筑奖，成为了中国本土第一位获此殊荣的建筑师。伴随着该奖项强烈的震撼力，在惊喜与掌声中，对他的质疑声似乎也成了人们茶余饭后的谈资。

王澍的意义，远不在于他所完成的那一系列建筑实践，而在于他通过建筑的方式，所散发出来的一场对生存与发展观念上的文化挑战。他的思考与实验，冲击了我们当下市侩、功利的实用主义思想，冲击了身旁短浅的唯利主义价值观。

诚然，有太多的人在得知他获该奖后，抱怨其建筑的功能性、合理性……但是，建筑难道就只有所谓的功能性吗？难道就只在乎所谓的方便舒适吗？

反思我们当下的文化观念，存在许多实用主义思想，总认为实用、高效，为人提供便捷、舒适、享乐的建筑设计，乃是天经地义的王道，是不容挑战的真理。甚至将“以人为本”异化成“以人唯本”，自身的扩张早已将我们推到唯己唯利的世界观上。谁知，太多的实用、实惠，多满足人性中的物欲与唯己，以及太多有失偏颇而被过分强化的以人为本，结果只能使自身精神与感情日趋愚钝，使人们生存与发展之道走向单一和极端。“以人为本”的同时，应与“以天为大”相和谐。

中国的美食无人不晓，全球各地有华人之处，便会有中餐馆云集，这是中国的文化与骄傲。相反，在英国，传统上则主张不宜将食物做得太过美味，提倡粗茶淡饭，崇尚生活俭朴，鄙视享乐奢侈的生活态度。其用意无非是认为：过于追求美味将导致人们迷恋于享乐，而放松了精神的敏锐感受，尤其是在维多利亚时代，贪吃美食被认为是慵懒和不道德的表现。同样，闻名天下的中国传统家具，其设计理念所追求的也不是以人为本，而是以人文精神为本的文化观念。类似情况，更体现在文化圣人孔子身上。《论语》中记载，孔子在齐国听罢美妙的“韶乐”后，竟然三月不知肉味！虽说“三月”有点文学夸张，但上述三件事例，都说明了一条共同的道理：人类“灵性”上的满足与“物性”上的满足，往往呈反比关系，某一方充实了，另一方则会削弱。因此，哪怕是“真理”，也不要有失偏颇，更何况是那些建筑观念上的思维定式。

恰恰是王澍，对这种习以为常的思维定式提出了挑战。针对他文正学院倍受疑问的“楼梯”设计，王澍解释道：“当楼梯失去最习惯的（行走）功能时，它所包含的其他可能性都向你开放了。”在此，那习惯上的楼梯的“真理性”受到了冲击。

大约2000年前，古罗马著名的建筑理论家维特鲁威，在《建筑十书》提出了作为好建筑应具备的三条经典原则：“坚固”、“实用”、“美观”。该思想成为日后建筑史上持续时间最久、影响最为深远的建筑理论。如今，我们已进入了二十一世纪，“坚固”早已不成其为一个令人敬畏的问题，“实用”也不再是一项显得如此重要的评断标准，衡量好建筑的理论依据也已相应发生变化。

当下，人类掌握如此发达的科技水平与工程技术，拥有前所未有的财富资料。但，同时也日趋对自然环境开始粗暴地摧残，对自身价值持有不可一世的狂妄，对世界资源进行无度的贪婪占有，对神圣底线一再的背弃亵渎……如此等等，早已是一个世人皆知的事实。针对全球商业化发展的背景前提，我认为一个好的建筑设计，目前应该具有如下三条新的基本原则：“节制”、“谦和”、“优雅”。

所谓“节制”，首先是一种生存态度，一种价值观，它贯穿着设计与建设的全过程，并决定着建筑最终的姿态。“节制”在前期项目决策与立项定位时，应充分表现为理性、谨慎、朴实的态度；在设计建造过程中，应表现为适度追求，有序有节，反对一切“过度”，包括形式与功能两个方面；具体反映在设计中就是拒绝过度设计，过分装饰，过分表现，过度占有，过分铺张。

所谓“谦和”，就是对自然环境的敬畏，和对人文环境的关怀。“谦和”本来就是中国传统文化的精髓，是有别于西方传统文化的根本表现。谦和的理念，将建筑融入到背景环境之中，是中国传统的审美意境和人生修养的表现。我们常言的“天人合一”、“物我两忘”、“和睦相处”、“尊天从命”，不正是这些哲学思想的写照吗？在当下世界建筑中，日本建筑师隈研吾的作品不就是这个“谦和”的典范吗？他设计中所提倡的“粒子”与“消解”的观点，恰好体现了东方哲学的审美理想。如今，“谦和”已不再是一个东方的传统思想，随着人类文明与知识的累积，以强调个体美学的强势西方文化，也已开始意识到东方谦和思想的价值。那些前卫的西方建筑理论和可持续发展的生态思想，其实就是中国传统的宇宙观。“谦和”由此成为了世界观的一部份，成为超越东西方文化的共识。

所谓“优雅”，这仍然是对维特鲁威建筑理论的持续发展。建筑，本是以物载道的空间形式，虽然审美的具体形式内容，会随地域和时间的不同而变化，但对美的追求，依然是人类一个永恒的话题，而“优雅”较之通常的“美观”，却更多了一层智慧与文化的色彩，多了一层专业积累的内涵。因此，优雅可以被视为一种富有涵养的美观。如若在此基础上再能进一步升华，优雅便成了“诗意”的美，抑或“神圣”的美。

让我们再回到王澍的建筑，他的作品充分展现了上述提出的“节制”、“谦和”、“优雅”这三个基本条件。

“节制”使他的作品在建筑语言的表达上，显得格外朴素沉静。这不仅反映在他的建筑实验上——就地取材、旧料回收、循环建造，更反映在他对习惯上的功能享受与便捷舒适持有一定的克制与反思态度，正如他所讲的：“一个简朴的空间模式，容纳不同的内容功能，这才是最伟大的建筑学。”同时，平朴的视觉形象，又进一步使得他拒绝一切累赘的附加物。

“谦和”是他作品的核心灵魂。他对自然环境的尊崇，使他的设计始终保持着同基地环境高度融合的特色，从而在设计中将建筑的比例尺度与空间布局放置在一个更为广阔的自然背景之中加以审视。恰如传统中国山水画的意境那样，建筑只是自然山水的点缀配合罢了。如此的设计立场，是王澍对自然生态谦卑的觉悟。而他对江南文化的坚守和情怀，又再次反映出对地域文化传承的追求与思考，并将烟雨江南的感受以一种完全独特的视觉形象呈现而出。恰如王澍自己所言：“我首先是一个文人，碰巧会做建筑”。王澍的设计，完全是一种文化能量水到渠成的表现。

如果说，文化就是一种感觉，而艺术则是感觉显现的途径。那么，王澍的设计艺术无疑是东方文化对他长期熏染的自然结果。这使得他的建筑作品始终流淌着一股优雅而富有诗意的文人的气息。从早年的“苏州大学文正学院”到当下的“中国美术学院象山校区”，乃至威尼斯双年展中的“瓦园”，以及“宁波博物馆”的设计，都散发着浓郁的江南雅韵和境意。

记得，当我最初听到王澍获得了第34届普利兹克建筑奖时，第一反应便是，在中国能获此大奖的建筑师，首当是王澍！他的存在价值，远大于他作品本身。面对当下不断自大、膨胀、急功、唯利的人群，愿所有好的建筑，包括王澍的设计，能使人们稍微收起一点浮躁与愚昧，多一份克制与谦和，养一方沉思与安详。是王澍，获得了普利兹克；更是评委的观念获得了普利兹克。END

# 设计师的摇篮

## 专访江南大学设计学院环境与建筑设计系主任杨茂川

采　访 | 徐纺
撰　文 | 徐纺

江南大学设计学院作为中国现代设计教育的重要发源地，在50多年的教育历程中为推动中国现代设计教育和设计实践的启蒙做出了重要贡献。中国设计界许多年富力壮的教育家、设计师都出自这个摇篮。悠久的传统是如何得以传承和发扬光大，并影响着适应时代需求的新的学科建设？为此，我们专访了江南大学设计学院环境与建筑设计系主任杨茂川教授。

**ID =**《室内设计师》

**ID** 请先谈谈你们学校环艺系的历史。

**杨茂川** 江南大学设计学院的前身无锡轻工业学院造型系成立于1960年，而室内设计专业成立于1985年。第一批学生是没有正式户口的，是挂在工业设计系底下的室内设计方向，1986年室内设计开始正式招生。我是1987年分到这个学校当老师的，当时好像老师只有5个人，第一批学生刚刚大三。老师很少，学生也很少，平均下来是隔年招一个班，一个班的标准配置是15个人。1985、1986年招生后，1987、1988年停招，1989、1990年招生，1991年又没有招生，1992年开始正常招生了。当时报考的人数突然剧增，虽然还是招一个班，但是已经扩大到30个人了。1994年开始招2个班，一个是艺术生班，一个是工科生班。1995年根据教育部的指示，室内设计改为环境艺术设计。这样的状况一直延续到2000年，2000年工科班停招，因为我们成立了建筑学专业；这一年环艺班扩大到了3个班，建筑学招一个班，后来扩大到2个班。这一标准配置一直延续了11年。近年来，艺术设计的学生选择环境艺术专业方向的特别多，但目前还不能全部满足他们的需求；2012年增加到4个班，每个班还严重超员，按20个人一个班的标准配置，4个班的人数甚至超过了5个班。所以现在江南大学设计学院环境与建筑系底下包括环境艺术与建筑学两个专业。

**ID** "艺工结合"是江南大学的一大特色？

**杨茂川** 1986年我们工业设计专业首次招收"理工类"生源学生，从而结束了我国"艺术类"学科单一招收文科类学生的历史，并在全国率先形成"艺工结合"的教学体系。室内设计系从1994年开始实行"艺工结合"，也就是双招。经过几年的教学，明显感受到艺术生与工科生的差异。艺术生的艺术感悟力与手绘表达能力强，工科生严谨细致、逻辑思维能力强。二者的结合正好体现了我们艺术与技术相结合的专业特征。因此，在课程设置上艺术生班增加了需要体现严谨细致的"画法几何"、"工程制图"、"结构力学"等专业基础课的课时数；同样也增加工科生班的"素描"、"色彩"、"艺术赏析"等课程的课时数与选修的可能性。同时并行的室内设计的两类班相互影响，相互感染，在一定程度上体现出"泡菜坛子"的作用与效果。从1994级第一个工科生班毕业的效果来看，一点都不亚于艺术生班，甚至1995、1996级最优秀的毕业设计作品出自工科生班。这一改革成果自2000年开始，在我系被新办的建筑学专业所继承。

**ID** 当时创办室内设计系的背景是怎么样的？

**杨茂川** 说到江南大学设计学院室内设计系，不能不提到一个人，他是杨廷宝的关门弟子，叫吴科征。吴科征出生于建筑世家，文革中被打成右派下放到桂林，后来平反回到无锡轻工业学院。他一来就成立了一个建筑设计室，专门做设计，承接了很多政府的大项目，当时在无锡很有影响。开始这个设计室是为学校做设计的，后来扩展为为社会做设计。后来这个设计室发展成为今天的"无锡轻大建筑设计研究院"，是个甲级院。在设计室成立2年之后，吴科征就开始创办室内设计专业了。1985年的春季，他就带着工业设计系的一部分学生做了无锡大饭店的室内设计，作为毕业设计的题目。当时的效果图画得很厚，很精彩。可以这么说，吴科征老师带着工业设计专业中对室内设计有兴趣的学生开始了室内设计教育的实践，为1985年室内设计专业的正式招生打下了基础。

**ID** 你们的课程设置有什么特色？

**杨茂川** 我们学校环境艺术专业与美术学院不同，还是注重空间的设计，而不是装饰设计。这可能与我们成立之初师资的构成有关系。当时除了吴科征老师还有一个结构老师、一个画法几何老师，年轻的教师就是我、过伟敏、周浩明，我们仨都是学建筑出身，所以由此也决定了我们的教学理念和教学特色。

早期的教学主要以室内设计、中小型建筑为主。1995年改成环境艺术之后，基本上三分之一是建筑的相关课程，三分之一是室内的相关课程，三分之一是景观的课程。2002~2003连续两年我们开始探索新的教学模式，开始了"环艺实验班"的尝试。2004年之后，随着教改的深入，我们推出了"3+1"教学模式，即三年基础理论教学与一年实践应用教学；决定将大四的学生第一学期完全放出去，也就是说，在3年的标准课程之后，我们把学生放到社会上的相关设计单位去，让他们去寻找和确定自己今后发展的专业方向，是室内还是景观。很多学生在毕业找工作时会被问到有无工作经历，那我们就给学生创造了这样的工作经历，缩短了从毕业到就业的适应期。

**ID** 那你们的本科生培养目标就是职业的设计师？

**杨茂川** 我认为本科的教学重点还是在于动手能力的培养，当然也要具有扎实的理论基础。所以我们中外建筑史及其他史论课都有，实际上我们培养的是动手能力极强的设计人才，不仅仅是自己能做设计，还要能带领别人一起做设计。我发现我们的学生在分析问题、解决问题和动手能力方面都比较强，很受国内外许多著名建筑、景观和一线室内设计公司的欢迎。可以说动手能力强是我们系在本科阶段追求的主要目标。当然，这并不意味着就是唯一目标，我们也有许多学生考入了国内外著名学府进行硕士和博士阶段的深造。

**ID** 你们的毕业生很受设计单位欢迎，这是否和你们第四年的实践应用环节有关呢？

**杨茂川** 应该是有很大关系的，除了第四学年直接的实践应用环节之外，还得益于我们在校期间营造的浓郁的实践氛围。我们在校企合作方面已经走出了一条多元合作的新路子。我们以一批实习基地为依托，和很多大型装饰企业和国内外一流的室内、景观设计公司建立了良好的合作关系，包括设立奖学基金、企业冠名的设计竞赛、企业赞助设置的实验室等。我们还邀请有经验的职业设计师到学校举办讲座，甚至参与到具体的设计课程教学之中去。目前我们正在针对具体课程的"案例式教学"与华东地区的一流设计师积极沟通，结合专业硕士第二导师的聘任建立职业设计师库，以加强与实践的对接。

**ID** 第四年让学生走出课堂，这个过程是怎么样的呢？

**杨茂川** 很多年前我们学院就推广"3+1"的教学模式，也坚持了很多年。环艺系是在 2002 年的时候我和过伟敏老师一起开始尝试的。首先在学生中选拔了 10 个优秀学生去学校设计院实习，实验下来觉得有可行性；第二年我们就推了一个班到包括学校设计院在内的实习基地；2004 年的时候我就起草了一套非常详细的管理办法，把全部学生都推出去了。这么多年实行下来没有出现过任何问题。这个也是我们的江苏省教改立项项目的一个子项目，2004 年这个项目的鉴定结论为"国内领先"，到许多地方都去介绍过，不过现在这样的教学也已经比较普遍了。

**ID** 你觉得最能体现你们特色的课程是哪门课？

**杨茂川** 我们的特色课程应该首推"空间设计"，这门课程开设主要是训练学生利用三维的方式进行空间的设计的能力。

**ID** 你们现在和国外交流多吗？

**杨茂川** 与国外交流也很多的，有一些固定的交流项目，比如"WUZU"就是从 2004 年开始和瑞士苏黎世艺术大学合作的，双方由不同专业的学生组成工作坊，有工业设计的、环艺的、平面的、公共艺术的、广告的，持续了很多年。2010 年上海世博会，瑞士馆中有一个作品就是这个项目的结晶。我们还和韩国仁济大学，有一个完全室内设计的合作交流项目。另外还有很多小型的工作坊，包括澳门的城市与街道保护研究等，也有很多不定期的交流与合作项目。

**ID** 你们研究生教学的状况如何？

**杨茂川** 我们学院 1995 年开始有设计艺术学硕士点，环境艺术方向第一年只招 1 个学生，2000 年达到将近 10 个，现在一年大概有 20 多个。目前我们学院有四个硕士点，包括学术型的设计学和美术学，专业型的工业设计工程和艺术设计（MFA）。专业型的艺术设计（MFA）含环境艺术、视觉传达和服装设计三个方向。MFA 完全是培养以实践应用为主的，同时具有研究能力的设计师，所以他们的毕业论文要结合具有一定研究深度的设计项目来完成。这一块目前在全国范围内都还处在探索之中。今年我们已经有了第一批全日制的工业设计工程的毕业生。专业硕士如何培养，考核标准是什么？目前，我们正在探索之中，全国的设计类专业硕士工作会议年内将在我院召开。

**ID** 江南大学作为中国现代设计教育的重要发源地之一，它的深厚历史对于你们的教学有没有影响？

**杨茂川** 当然有影响，而且影响是巨大的。悠久的历史和传统会潜移默化地影响着一代代的人，我们的老师都是非常敬业的。我记得当年在青山湾的时候，那种感觉真的像包豪斯的感觉：老师都很年轻，老师和同学经常玩在一起，就像一个大家庭一样。那个时候学生少，才 100 多人，是师徒关系，现在都已经达到 4000 多人了。当时各专业年轻老师之间的互相交流和影响都非常大。我教他们学艺术的老师画效果图"炒更"，我也和他们一起参加一些艺术圈的活动。学生之间也是同样如此，就像"泡菜坛子"，互相融合后的结果是你中有我、我中有你。所以我们环艺学生出来的作品，在形态、视觉等等方面都是非常到位的，而且他们有很多时候也是互相合作，去参加各类大型设计竞赛的。

**ID** 对于中国整个环境艺术教育，你是怎么看的？

**杨茂川** 我觉得中国环境艺术这块应该很快会在世界上出一批人才，是时候了。其实我在一年以前就说过，建筑和室内这一块在未来的十年会出现一批在世界范围内有影响的人才。现在我们也看到中国建筑师王澍获得了普利兹克奖。我觉得在中国，建筑界的大山太多，论资排辈比较厉害，王澍属于个例。景观界呢，都是"洋派"，受西方的影响太大。室内这块是最为活跃的，建筑和景观目前还都是以解决中国快速发展的问题为主，室内已经基本走过了解决问题的阶段，达到了开始追求中国传统文化精神和提高生活品质的一种理想化状态了。很多设计师都开始思考一些问题，并不仅仅是在做设计。室内设计界有不少人是转行过来的，但也正是因为这份执着，成就一批在国内具有影响力的设计师。中国建筑学会室内设计分会的学术活跃度已经可以充分地证明这一点了。经过 20 年的成长，现在是收获的时期了，所以我们也很愿意把他们请到学校来，分享他们的优秀作品与成长的经历。

# 特色课程——空间设计简介

**一、课程信息**

课程名称：空间设计

课题名称：系列空间设计与模型制作

学分：3

学时：60

学期：二年级第 1 学期

课程目的：通过本课程的学习，使学生了解空间的概念与本专业涉及的空间范围，掌握单一空间的构成方法、组合空间的组织方式，了解影响空间感觉的各种因素。培养学生用三维的方式进行空间设计的能力。

**二、课程沿起**

我国的环境艺术设计是一门新兴的学科。1980 年代初，由于改革开放的需要，室内设计专业应运而生。1990 年代中期，室内设计转化成了具有中国特色的艺术设计专业的环境艺术设计方向。2000 年前后，一大批院校先后新办了该专业方向，并且已经形成了非常庞大的学生群体。无论是早期的室内设计，还是当时的环境艺术设计大都侧重于技能、美观和实用等基础与功能方面的教学，而对环艺设计学科之根本——三维空间却缺乏系统科学的训练，即使有一些关于空间的基本理论，也大都分散于各设计课程之中，难以形成系统全面的知识结构和有效的训练机制。

鉴于以上认识，作为我国最早成立室内设计专业之一的江南大学设计学院，于 2002 年开设了“空间设计”的课程。2003 年初步形成了课程的总体框架和具体内容。2004 年，设计学院以环艺专业方向为基础，以五门主干课程申报了“江苏省高等学校优秀课程群”，并获得当年江南大学唯一省级优秀课程群——艺术设计主干课程群，“空间设计”是五门主干课程之一。

**三、课程特色**

在取得了“江苏省高等学校优秀课程群”称号之后，“空间设计”等课程首先开始了教材建设。经过连续多届教学与实践，该课程得到了同学们的普遍欢迎，并积累了一定的教学经验。在总结前人成果和大量对外交流的基础上，结合多年的设计与教学实践以及几年来的优秀学生作业，编著了课程同名教材《空间设计》，2006 年由江西美术出版社正式出版。2009 年出版了《空间设计》第二版，当年该教材在出版前还取得了江苏省精品教材建设项目称号。其次，对《空间设计》课件进行了完善和深化，在原来多媒体课件的基础上加入了动画与视频，使之更加丰富生动，增加趣味性和知识性。2011 年该课件获得了江苏省优秀多媒体课件大赛二等奖。

本课程的主要特点体现在训练课题的设计上。训练课题不仅涵盖了空间设计原理部分的主要知识点，而且具有较强的可操作性与趣味性，使学生在动手制作模型的基础上完成对空间的认知。训练课题抛弃了诸多细枝末节，循序渐进、由浅入深，以纯粹的具有典型意义的空间设计与模型制作来实现课程的目的。其次体现在教学过程的互动与交流上，每个子课题初步完成之时，所有学生依次对自己制作的模型与版式进行讲解陈述，教师再对其进行分析讲评。这样的结果是一方面每个同学作业中的优点与不足让所有学生从中得到了分享与共勉，为后续具体的设计课程打下坚实的基础，知其然更知其所以然；另一方面是学生的语言组织与口述表达能力同时得到了提升。

**训练课题“系列空间设计与模型制作”的四个子课题如下：**

1、有顶的空中平台：主要为了体现以水平要素限定的空间。以水平要素限定的空间既可以运用于诸多环境设施，也可以应用于建筑或室内设计的一部分。

2、具有可生长特性的空间：主要为了体现组合空间的组织方式。组合空间有许多组织方式，其中一部分具有可生长的特性。运用这一特性进行空间设计与模型制作，可以加深对建筑空间组合中生长特性的理解。这类空间组合方式具有可持续发展和比较广泛的适应性特征。

3、削出的果皮空间或条状波浪空间：主要为了解决空间限定与围合中水平要素与垂直要素截然分离的问题。将二者自然、连贯地融为一体，形成趣味空间。这类空间在实际应用中虽然所占比例不多，但却能给人以较强的视觉冲击力，特别在解决大跨度空间的设计中具有一定的实用价值。

4、表面重构空间：运用解构主义的打散与重构的基本原理，来创造一种不可预见的、具有一定偶然性的空间形式。作为纯粹的空间设计，本课题具有一定的探索性和可操作性。

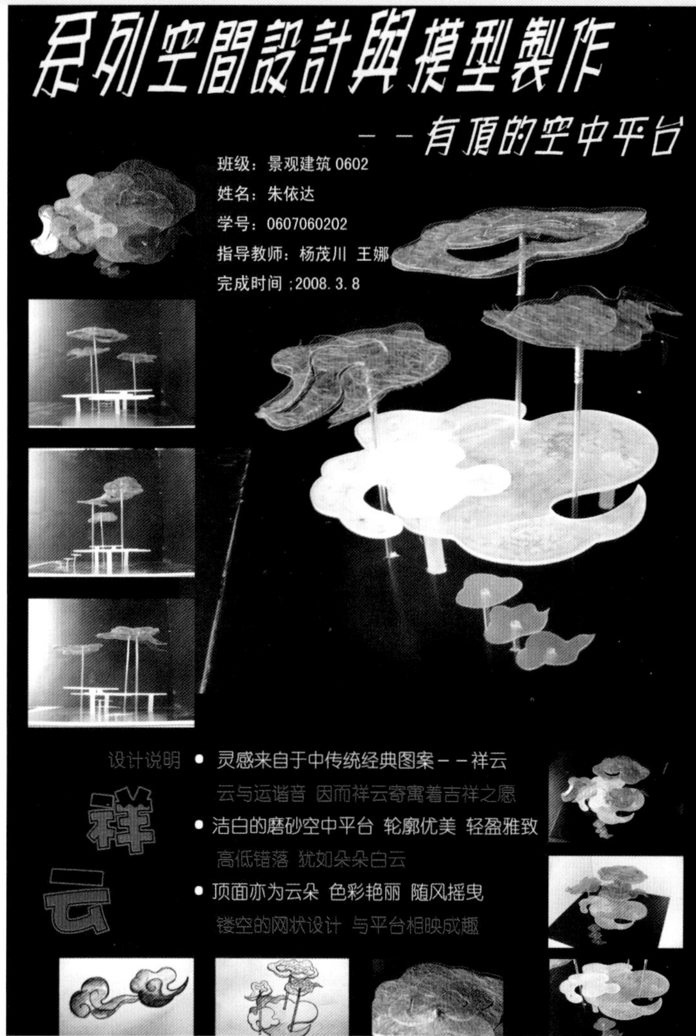

系列空間設計與模型製作
－－有頂的空中平台
班级：景观建筑 0602
姓名：朱依达
学号：0607060202
指导教师：杨茂川 王娜
完成时间：2008. 3. 8
设计说明
祥
云
• 灵感来自于中传统经典图案－－祥云
云与运谐音 因而祥云寄寓着吉祥之愿
• 洁白的磨砂空中平台 轮廓优美 轻盈雅致
高低错落 犹如朵朵白云
• 顶面亦为云朵 色彩艳丽 随风摇曳
镂空的网状设计 与平台相映成趣


1
2 3

1-3 子课题《有顶的空中平台》学生作品

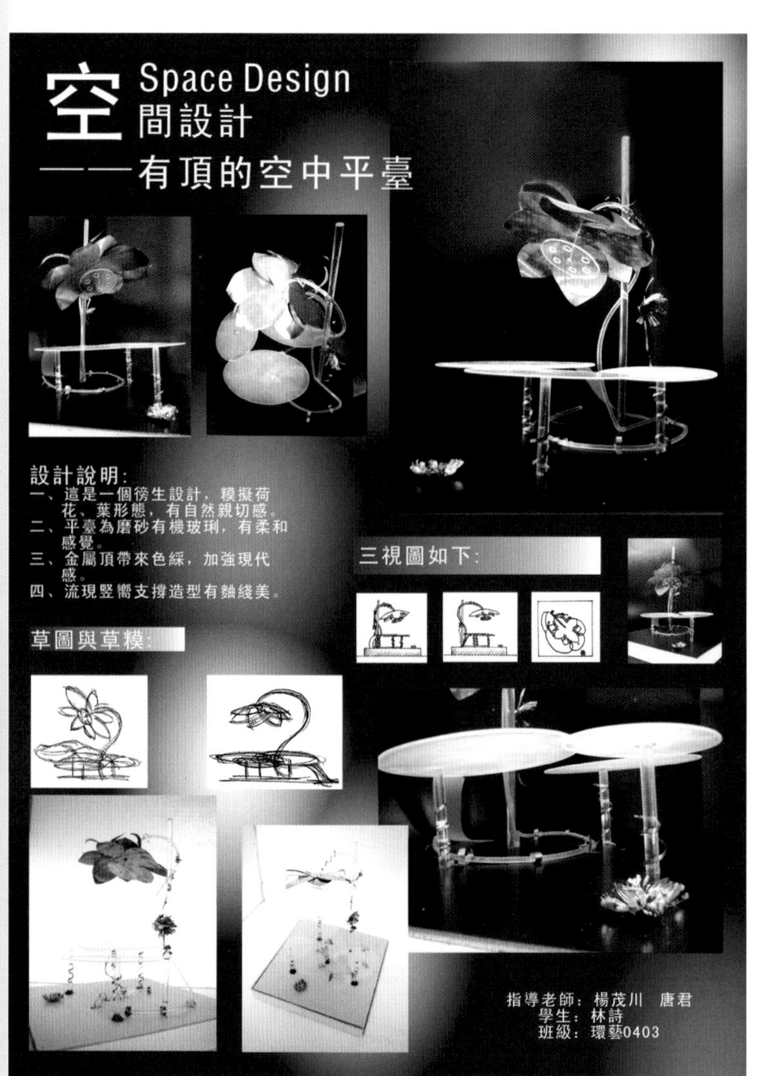

空 Space Design
間設計
——有頂的空中平臺
設計說明：
一、這是一個傍生設計，模擬荷花、葉形態，有自然親切感。
二、平臺為磨砂有機玻琍，有柔和感覺。
三、金屬頂帶來色綵，加強現代感。
四、流現豎嚮支撐造型有韻綫美。
三視圖如下：
草圖與草模：
指導老師：楊茂川 唐君
學生：林詩
班級：環藝0403


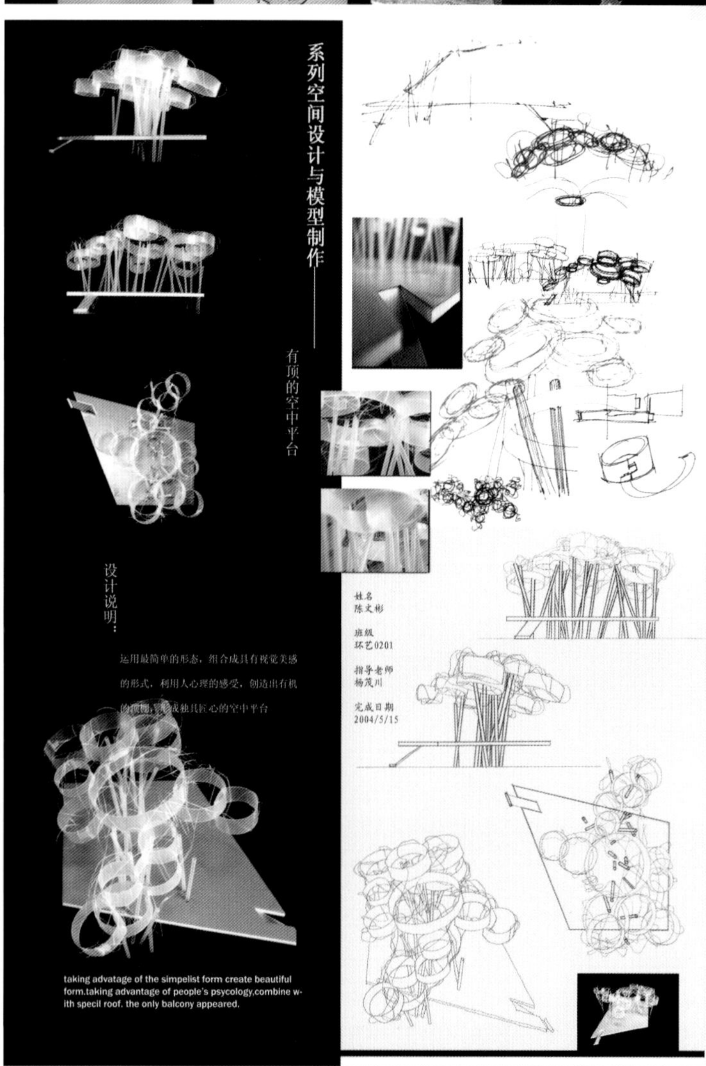

系列空间设计与模型制作
——有顶的空中平台
设计说明：
运用最简单的形态，组合成具有视觉美感的形式，利用人心理的感受，创造出有机的……成独具匠心的空中平台
姓名
陈文彬
班级
环艺0201
指导老师
杨茂川
完成日期
2004/5/15
taking advatage of the simpelist form create beautiful form.taking advantage of people's psycology,combine with specil roof. the only balcony appeared.

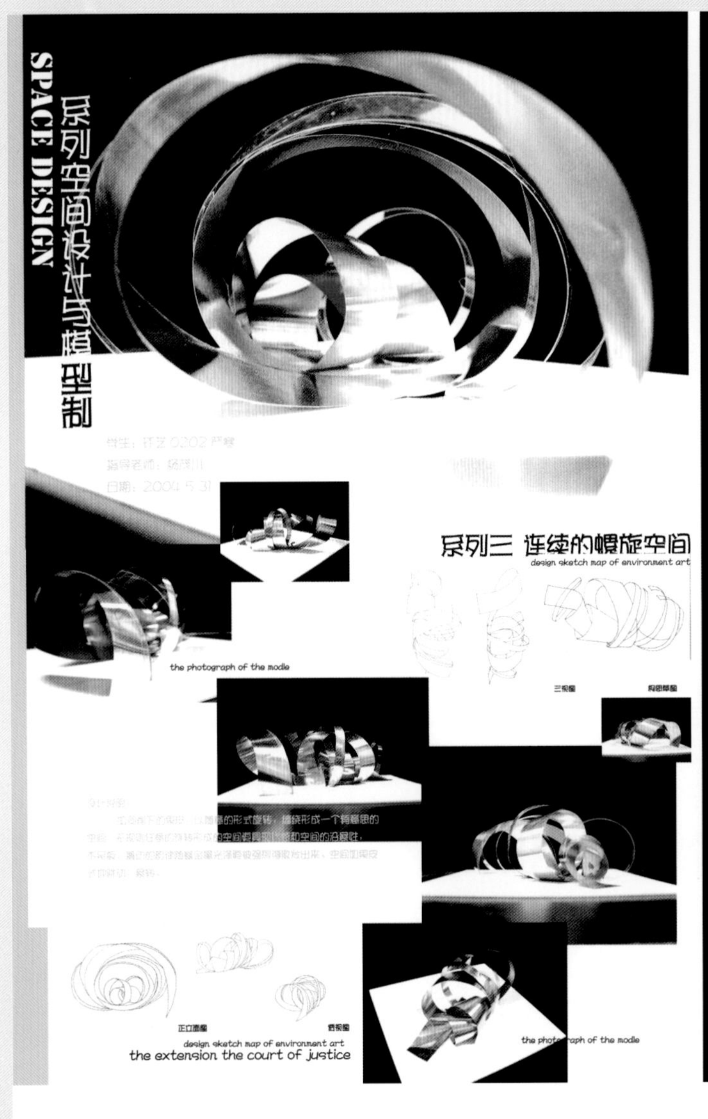
SPACE DESIGN
系列空间设计与模型制
系列三 连续的螺旋空间
design sketch map of environment art
the photograph of the modle
the extension the court of justice

系列空间设计与模型制作
———— 削出的果皮空间
指导老师:杨茂川 唐君
作者:夏聪
班级:环艺0403
完成时间:2006.03.27
设计说明:
1.本设计灵感来源于用刀切开的橘子皮,将橘子皮倒过来就形成了削出的果皮空间.
2.通过对"橘瓣"的排列,在内部形成了一个主空间,其中还穿插着一些小的空间.
3.解决了空间的大跨度,而且空间感较强.

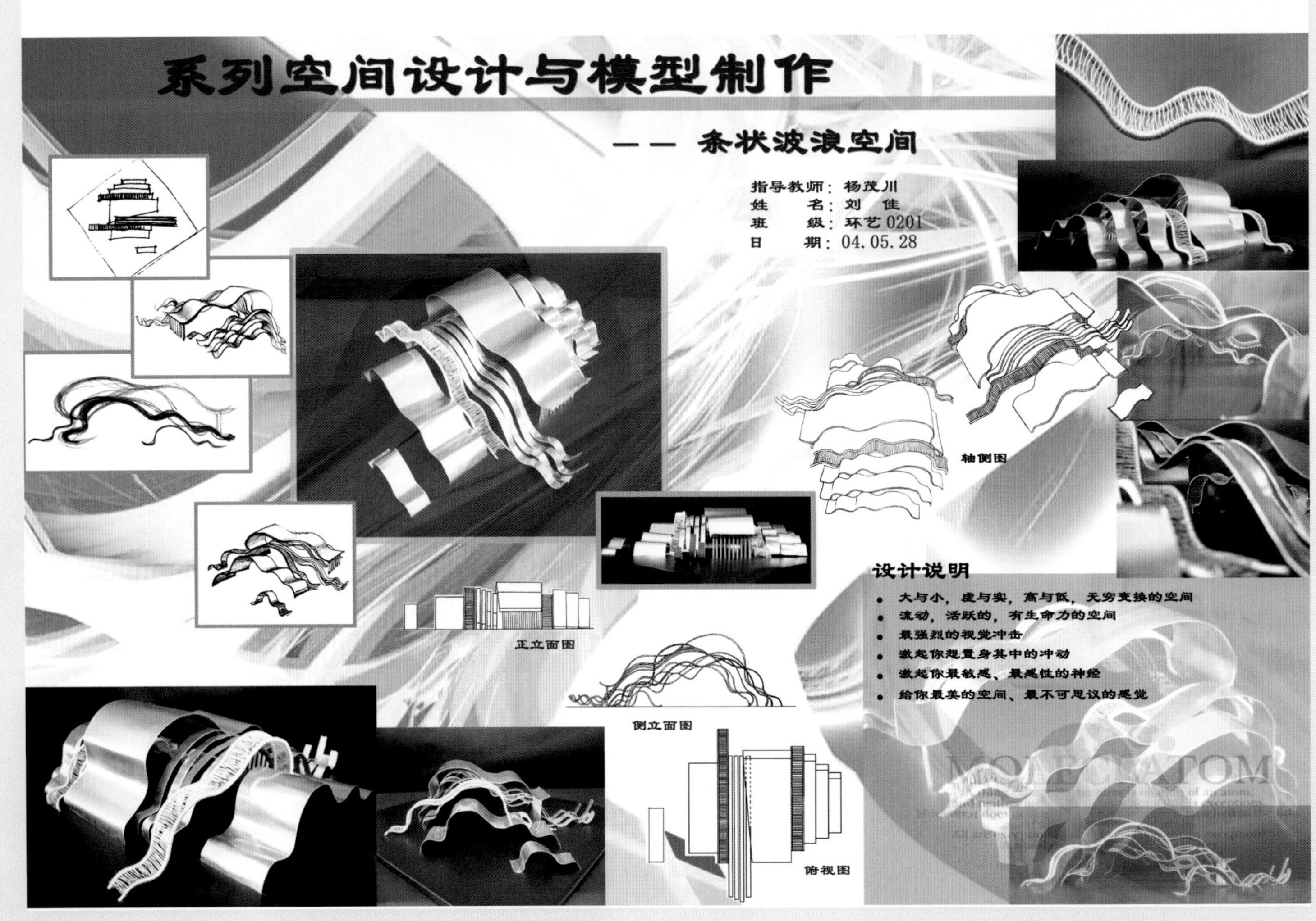
系列空间设计与模型制作
—— 条状波浪空间
指导教师：杨茂川
姓 名：刘 佳
班 级：环艺0201
日 期：04.05.28
轴侧图
正立面图
侧立面图
俯视图
设计说明
大与小，虚与实，高与低，无穷变换的空间
流动，活跃的，有生命力的空间
最强烈的视觉冲击
激起你想置身其中的冲动
激起你最敏感、最感性的神经
给你最美的空间、最不可思议的感觉

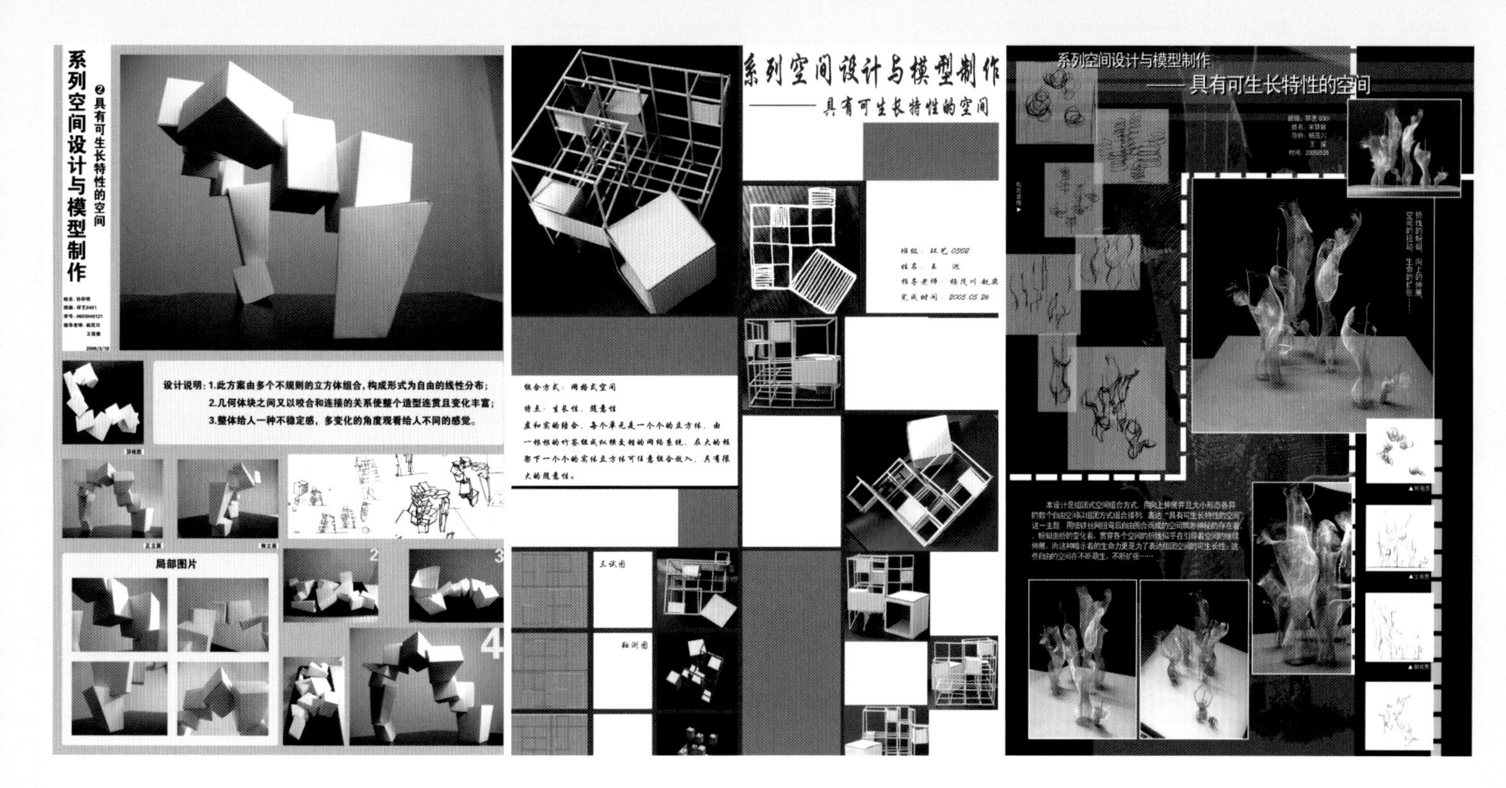

| 1 2 | 4 5 6 |
| --- | --- |
| 3 | 7 8 9 |

1 《连续的螺旋空间》学生作品
2 子课题《削出的果皮空间或条状波浪空间》学生作品
3 子课题《条状波浪空间》学生作品
4-6 子课题《具有可生长特性的空间》学生作品
7-9 子课题《表面重构空间》学生作品

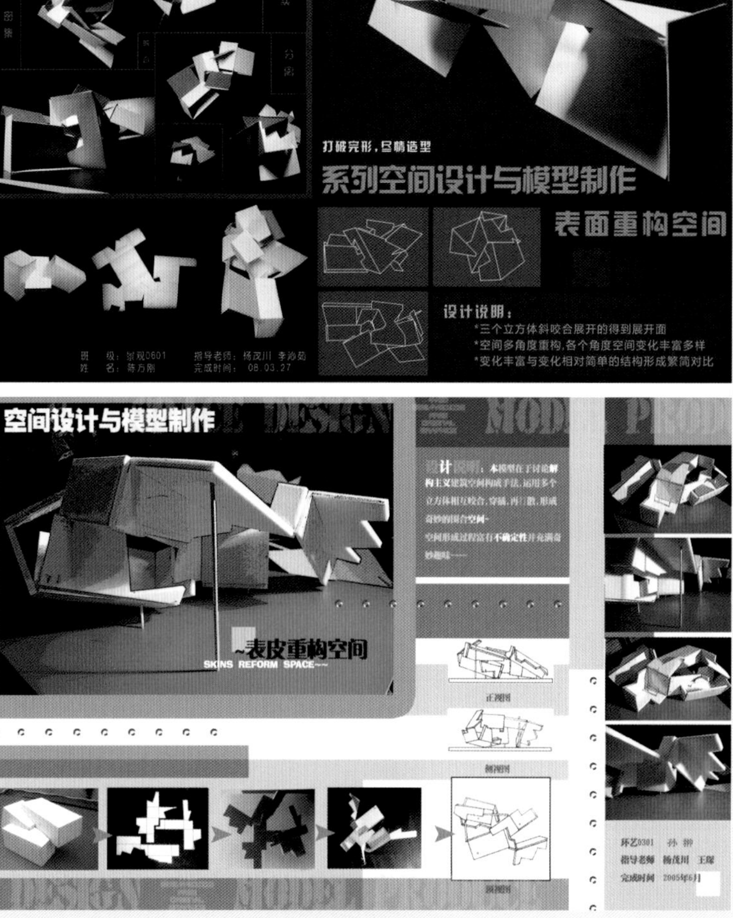

# 实践环节与毕业设计简介

2002年，我系结合江苏省教育厅“十一五”教改立项项目“信息时代环艺专业学生创造能力的培养”，展开了一系列讨论与实践，其中一项就是关于大学本科第四学年的改革。在这一背景下，“环艺实验班”开始了尝试性探索。2002~2003学年第一学期在环艺三个班的70余名学生中选拔了10名。这10名学生组成了“环艺实验班”的先行者，进入无锡轻大建筑设计研究院参与设计实践；第二学期继续在设计院以真实项目为课题完成毕业设计。在设计院工程师和老师的共同指导下，顺利完成了第四学年的学习与实践任务，得到了相关各方的一致认可。这一尝试性的探索使学生积累了大量实践经验，增加了工作经历，大大缩短了从毕业到就业的过渡期，也为全面教改探索了一条可行之路。2003~2004学年第一学期以一个自然班继续推行大四阶段的“环艺实验班”。不过这次与上次不同的是学生分散于学院与对口单位建立的实习基地，且毕业设计环节由学校老师提供的虚拟课题与实践单位的真实课题并行。2004年在总结两届“环艺实验班”经验的基础上，对环艺的人才培养方案与教学计划进行了修订与完善，提出了“3+1”的培养模式，“3”即三年在校进行的基础理论与基本技能的学习，“1”即一年包含“专题设计与实践”、“毕业设计”在内的实践与应用环节。结合环艺的专业特色，针对大四阶段的两个学期分别制定了“专题设计与实践教学环节管理办法”与“毕业设计管理办法”。这一教改成果从2004年开始在我系一直沿用至今。“3+1”的培养模式如今在江南大学设计学院的其它专业也得到了推广。

大四第一学期结束前，所有学生需返校提交“专题设计与实践教学环节”鉴定书、实践报告与成果，同时确定毕业设计的选题与导师。毕业设计采取导师负责制，导师是由讲师职称以上教师本着自愿的原则担任。在建筑、景观与室内的三个大类中，由导师确定1~2个具体选题，一般由实际项目的方案设计和虚拟课题的概念设计组成。提前公布毕业设计课题，集中学生填写选择导师与课题的志愿表（一般为两个志愿）。在控制导师所带学生总数的前提下，以满足学生志愿为原则确定最终名单与课题，并下发详细的课题内容与要求。学生在实习期间若有结合实践的真实课题，可在这一时期与导师沟通，由导师确定是否适合用于毕业设计。在接下来的寒假期间，为毕业设计的前期准备阶段。第二学期开学后，学生可在学校，也可在四上的实践单位完成毕业设计，但都需根据导师的毕业设计指导计划定期到校接受导师的集中指导。毕业设计答辩前一周需进行毕业设计作品公开展览，展出形式包括展板、模型与视频等。在教师与学生对本届毕业设计作品有了全面印象的基础上开始毕业答辩。在答辩结果出来后，根据分数从高到低推荐出校优、院优与院藏作品并颁发相应证书。校优与部分院优作品推荐参加当年度的“中国环境设计学年奖”的竞赛。END

| 1 | 3 4 |
|---|---|
| 2 | 5 6 |

1-2　学生邓红燕作品《春江·月夜——餐饮室内环境设计》

3-6　学生杨月作品《水墨青花——明清艺术品交易会所室内设计》

# 南山婚姻登记中心

# NANSHAN MARRIAGE REGISTRATION CENTER

摄　　影 | 孟岩、吴其伟
资料提供 | URBANUS都市实践建筑师事务所

地　　点 | 深圳市南山区常兴路和南头街交汇处西南角
设计主持 | 孟岩
技术总监 | 朱加林、吴文一
项目负责 | 傅卓恒、张震、魏志姣
建筑设计 | 王俊、胡志高、尹毓俊、李强、张新峰
景观设计 | 廖志雄、林挺、于晓兰、刘洁
合作设计 | 郭群设计（室内）、黄扬设计（标识）
建筑面积 | 977.5m$^2$
建筑材料 | 钢材、铝板、玻璃、石材等
设计时间 | 2008年~2011年
建设时间 | 2009年11月~2011年10月

1-2 建筑外观
3 区位图
4 室内模型

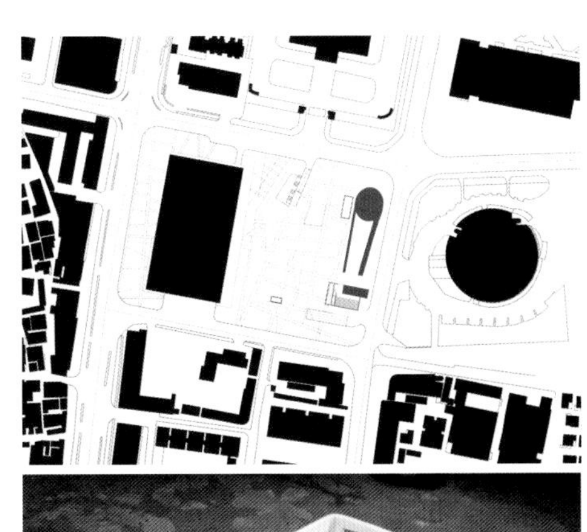

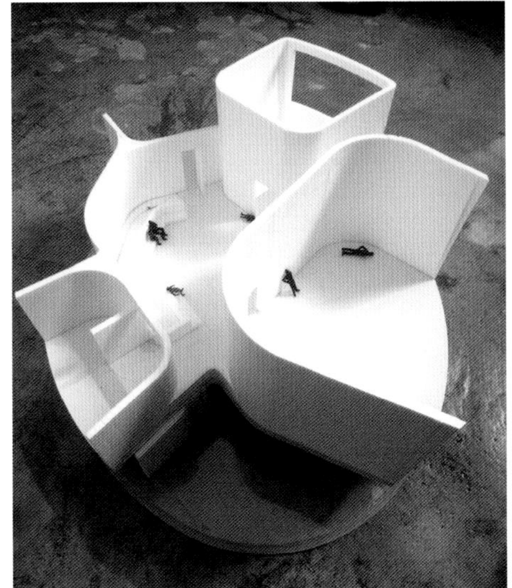

婚姻登记原本是人生非常关键、浪漫和令人激动的一个环节，然而在中国的现实生活中，作为民政部门的一个办事机构，婚姻登记处只是个平常和平淡的场所，让一对新人排队等候办理登记，就像去办银行业务，十分枯燥和程序化。

如何打破原有沉闷的流程，让婚姻登记变得富有趣味和观赏性？作为一个新的婚姻登记处建筑类型，南山婚姻登记中心摒弃程式化设计，而以其空间与形式，给予其以往缺乏的神圣感和文化性，不仅为前来登记的新人及观礼的亲友带来新的生活体验，更成为一个信息发布的媒介，展示和记录新婚夫妇登记结婚的这一美好历程，也为城市创造一个留存永久记忆的场所，同时改变市民对无新意的政府机构空间的刻板印象，拉近市民与政府机构的距离。

项目基地位于深圳市南山区荔景公园的东北角，长约100m，宽约25m。位于北端、靠近街道转角位置的建筑主体，通过架在水面上方的浮桥，与基地南端的凉亭广场相联系。这种布局方式使新人要通过很长的浮桥才能到达建筑主体，不仅强调了结婚登记的仪式感，也使位于街角的建筑主体成为一处具有象征性的城市标志物。新人在建筑主体的一层完成注册手续后，沿楼梯到二层的颁证大厅，二层层高远高于一层，让新人产生“拔高”的感觉，从而对婚礼仪式心生敬意。

人们在建筑中的特殊体验是这个项目设计的重点。建筑内部的一条连续的螺旋环路舒缓地串联起整个序列性的片断：到达、在亲友的注目下穿过水池步向婚礼堂、合影、等候、办理、拾级、远眺、颁证、坡道、穿过水池、与等候的亲友相聚。在建筑内部空间，以需要相对私密的小空间来划分完整的空间体量，剩余的充满整个建筑具有流动性质的公共空间之间形成“通高”“镂空”等丰富的空间效果。包裹整个建筑主体的表皮由两层材料构成，外表皮的铝金属饰面用细腻的花格透出若隐若现的室内空间，内表皮则由透明玻璃幕墙构成真正的围护结构。整个建筑内部空间和外部表皮统一的白色烘托出婚姻登记的圣洁氛围。

建筑物本身从物质层面讲，只是钢材、铝板、玻璃、石材等常见材料的集合，但通过设计，给予了婚礼登记处一种崭新形象，使其变成了有人情味、有体温的地方。“这就是设计的力量所在。”孟岩认为，好的设计应该是走进生活、立足生活，并最终改善生活。END

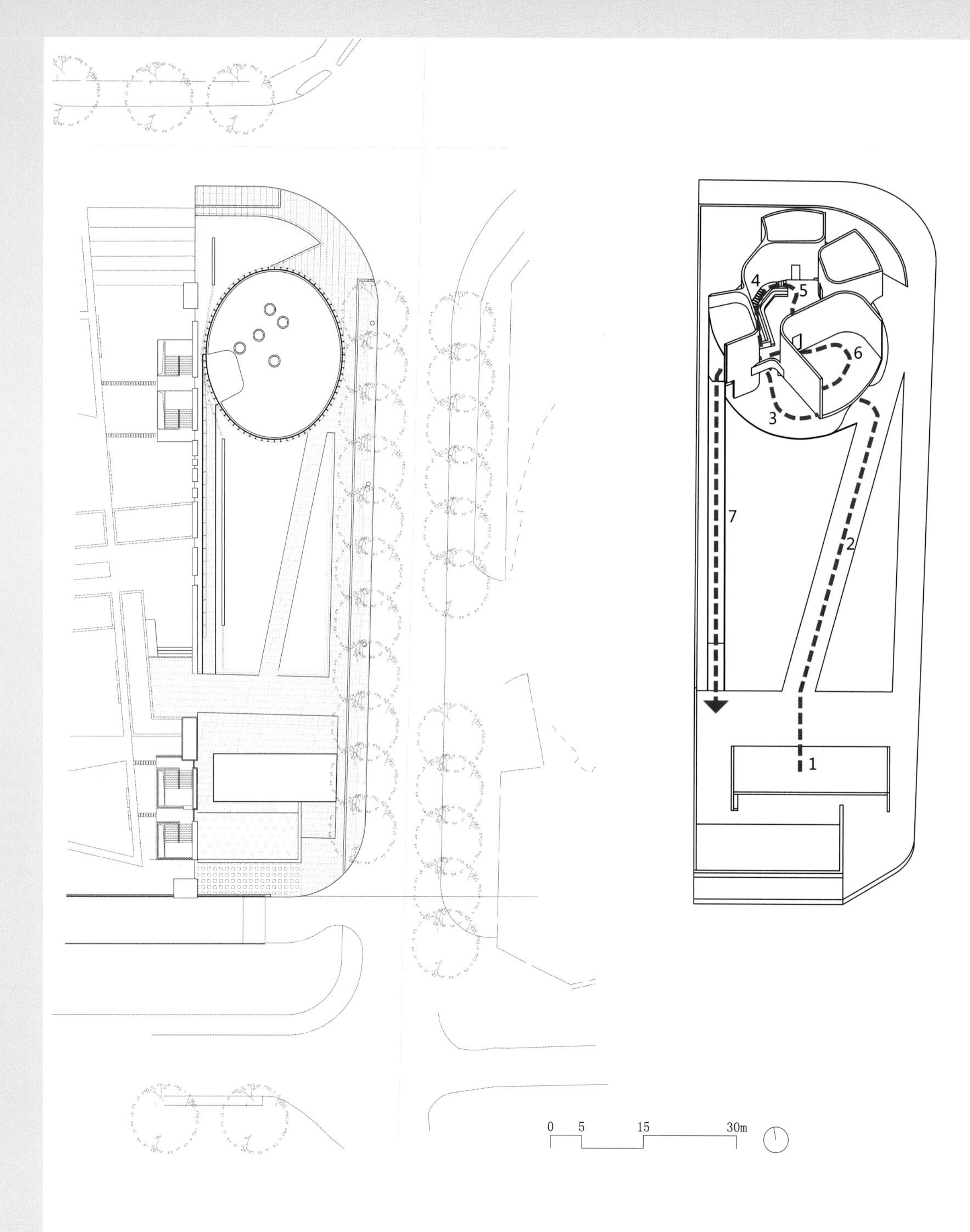


1 凉亭
2 浮桥
3 接待处
4 楼梯间
5 等候区
6 结婚证书颁发厅
7 坡道

1 总平面
2 流线分析
3 入口
4 坡道
5 楼梯

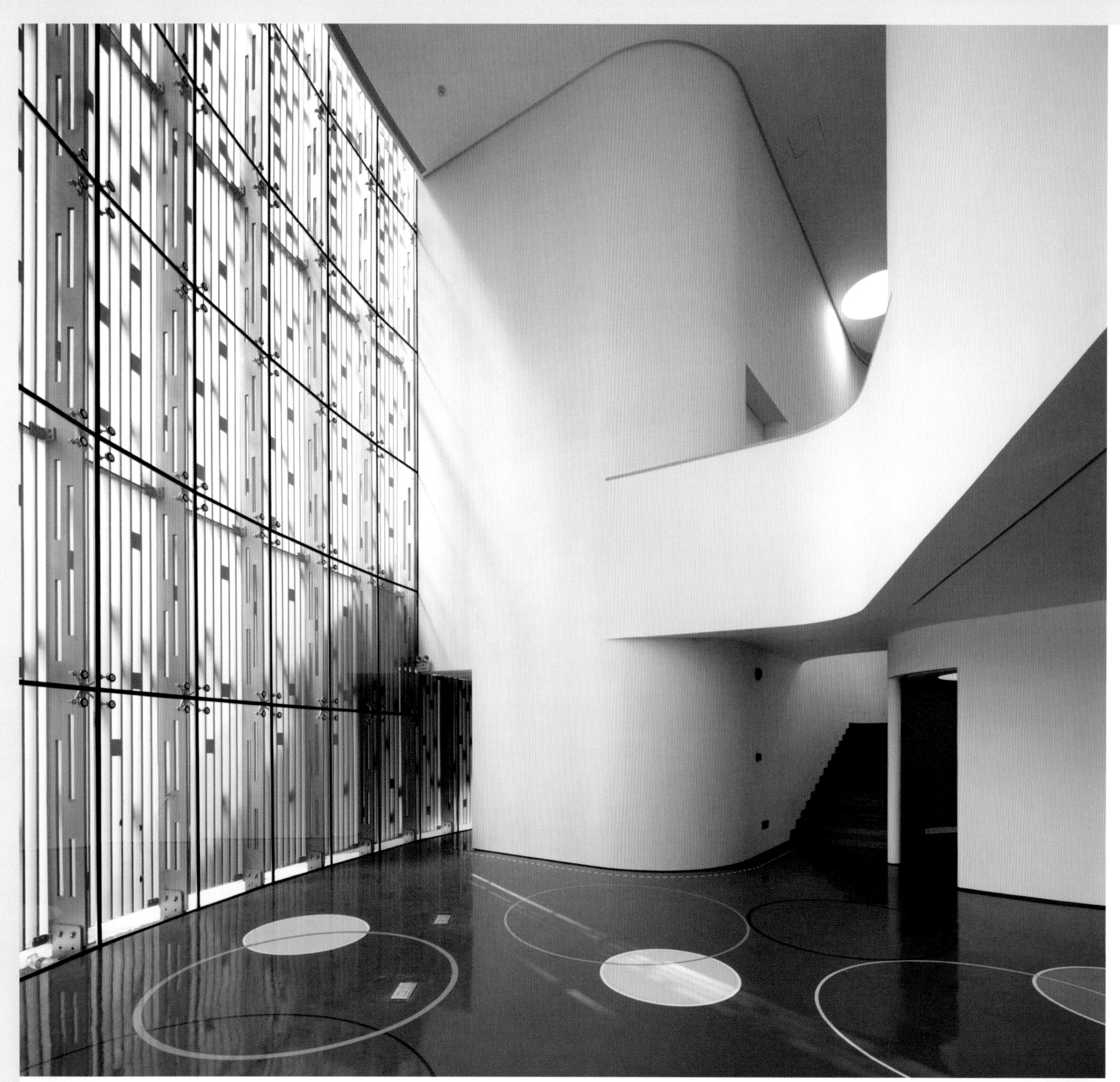

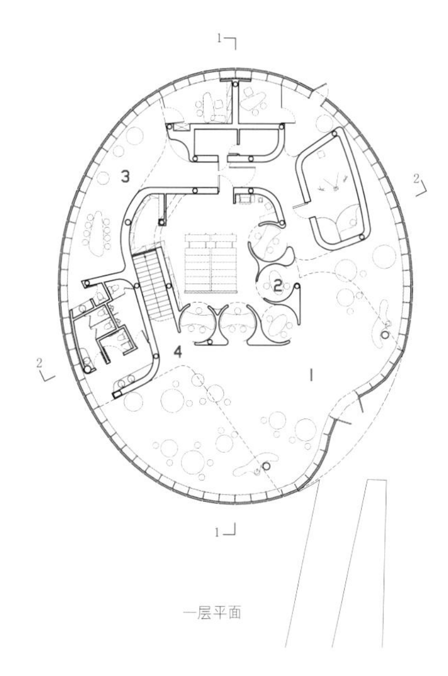


一层平面

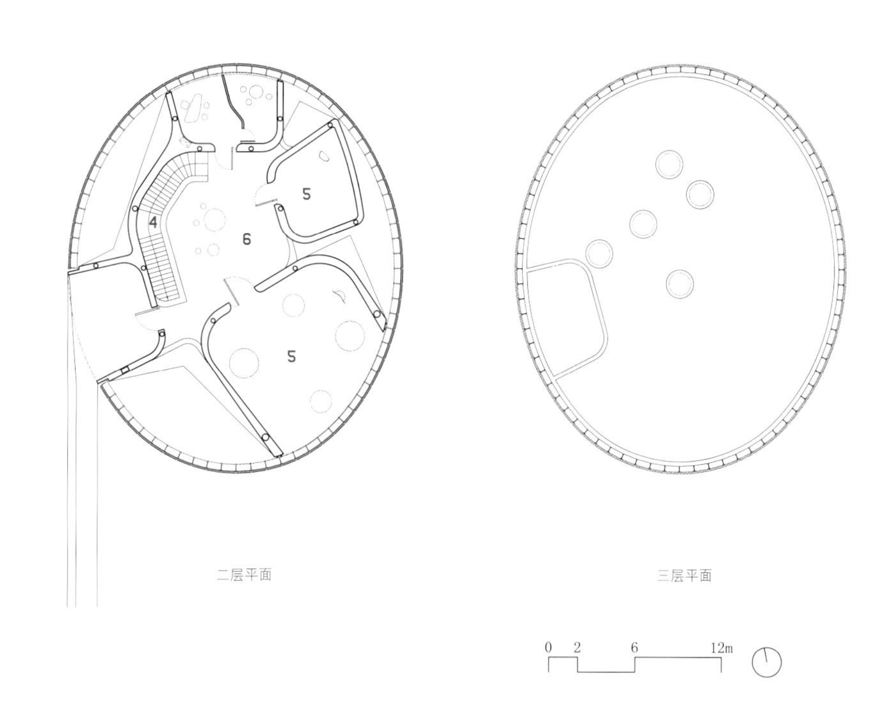


二层平面

三层平面

0 2 6 12m

1 接待处
2 结婚注册处
3 会议室
4 楼梯
5 结婚证书颁发厅
6 等候区

1 阳光透过立面照进室内
2 一层室内
3 各层平面
4 厕所
5 走廊
6 等候区

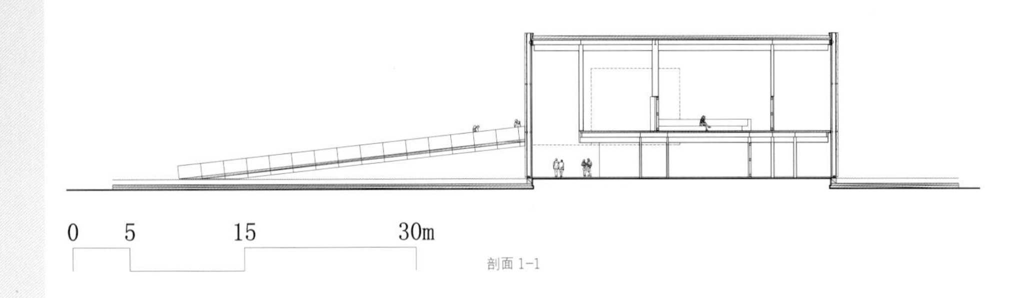


剖面 1-1

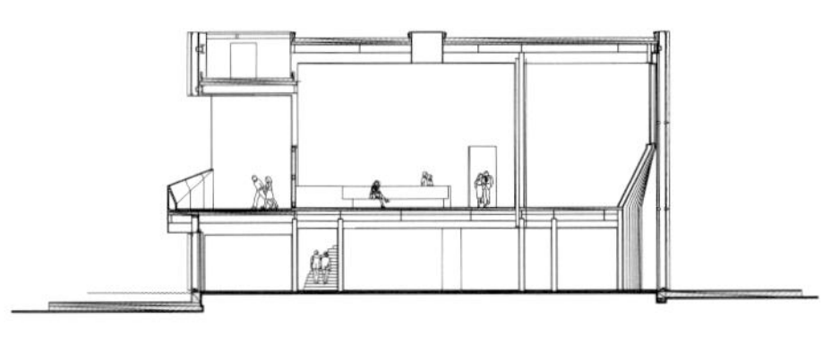

剖面 2-2

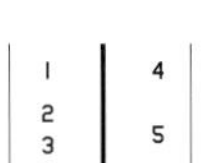


1 剖面图
2 颁证厅
3 接待大厅一角
4-5 玻璃幕墙和铝合金金属饰面

# 蒙特穆洛老人院及健康中心

# HEALTH CENTRE AND HOUSES FOR ELDERLY PEOPLE IN MONTEMURLO


撰　文 | 银时
摄　影 | Pietro Savorelli,Jacopo Carli,Ipostudio Archieve


地　点 | 意大利托斯卡纳普拉托省蒙特穆洛
面　积 | 3 660m²（其中地面以上部分1 155m²，基座部分2 505m²）
基地面积 | 5 305m²
设计单位 | Ipostudio Archieve
立项时间 | 1999年
一期建设 | 2002年9月～2005年9月
二期建设 | 2008年4月～2010年10月

1-2 建筑外观
3 立面细部
4-5 夜景

蒙特穆洛老人院及健康中心位于意大利托斯卡纳大区的普拉托省，虽然不像佛罗伦萨、锡耶纳那样有名，却也同样有着富于托斯卡纳地方特色的优美田园景观。蒙特穆洛老人院及健康中心项目基地所在的区域一直保持着固有的农业传统，周边完全是一派乡野风情，极具本地特色的体量巨大的干石墙围合出的露台屋舍矗立在蜿蜒起伏的地表上。鉴于项目的特质，设计者的思路需要在设计哲学和地势形态的复杂性之间寻找到互相妥协的可能性。由此，这样一个设计概念诞生了：各个方向的立面被消解成为面向山谷的单一立面，其曲折的轮廓则依循地形等高线而形成。

有了这样的前提，设计的目标因此就变成了通过功能的重置将新的和旧有的建筑内容合并到一起，并且将既存的农舍移植入新的建筑序列中。将建筑体协调起来的元素源自田园的概念——典型的托斯卡纳农舍山庄的建筑形态。由于地形坡度较大，托斯卡纳田园建筑往往坐落在地形高处，建筑群体呈围合状，通常会有体量巨大的地下或半地下基座部分，以便搭建露台和屋顶花园。在这片基地上，比较复杂的地势形态决定了原有建筑结构层级和入口层级的分布是错杂的，基座部分努力将这些层级整合在一起。而居住单元被连续地贯穿放置在界墙和山体斜坡所夹出的体块中。在上两层的建筑体中，放射状地重复放置着各个独立的居住单元，从这些居住单元中都可以俯瞰到山谷的景色。

“墙”则是此建筑最为妙趣横生的部分。整个外墙其实是由两层墙体构成。内层是玻璃墙，距离玻璃墙1.8m处的第二道墙是一面石墙，上面随机开凿着大小不一、犹如下坠的俄罗斯方块般的矩形孔洞。二者之间的部分是会客区域。这道墙体可以起到一个双层控光装置的作用，浓烈的托斯卡纳艳阳透过孔洞留下变幻的光影，其随机性也令每一个在规划上一模一样的房间具有了独特的个性，或许会为老人们的生活增添一丝趣味；另一方面，从内部看，它同时兼顾到了室内人们的观景需要，而从外部看也起到了保护室内隐私性的作用，使外面的人无法将室内一览无余。

外部石墙的表皮材料来自当地的石材，这也是对托斯卡纳建筑的另一项致敬——用天然材料，如石灰、木头和灰泥勾勒出来的外墙是这类建筑的典型特征。在这样一座远离尘嚣、既有当代建筑极简主义风格而又不失托斯卡纳民居质朴情调的建筑中，老人们应该会享受到一份与自然融合的静谧吧。END

1 一般设施
2 停尸房
3 供暖设备
4 清洁设施及办公区
5 入口处
6 礼拜厅

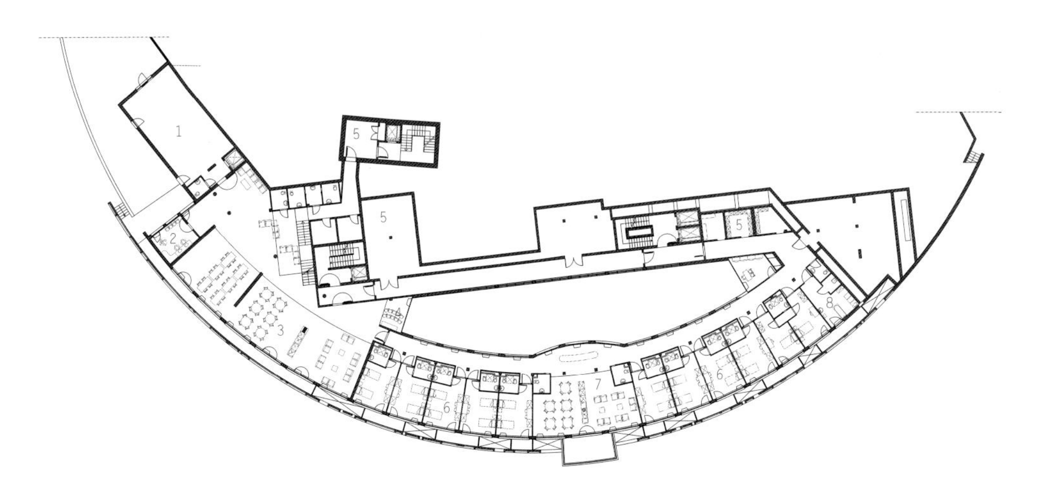


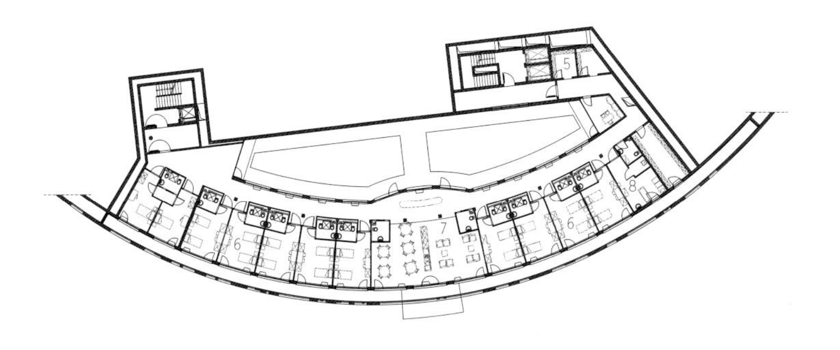


1 多功能区
2 理发室
3 集体活动区
4 电视房
5 仓库
6 个人房间
7 起居及用餐区
8 辅助式卫生间

| 1<br>2<br>3 | 4 5<br><br>6 |
|---|---|

**1** 基座部分平面
**2** 地上一层平面
**3** 地上二层平面
**4-6** 屋顶花园可饱览山谷景观

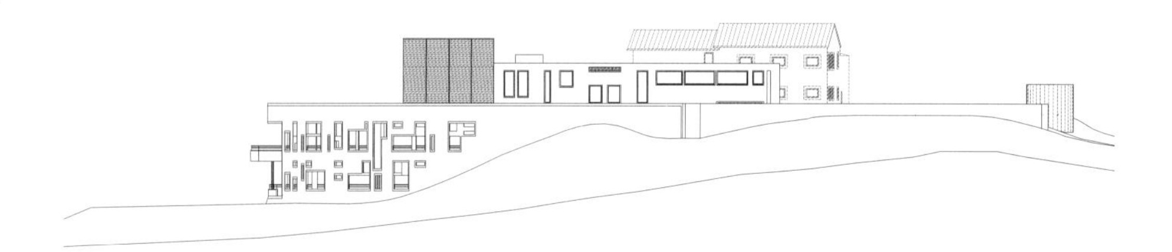

北立面

南立面

| 1 |
| 2 | 345<br>678 |

1 立面图
2 地上层居住单元
3-8 墙内墙外

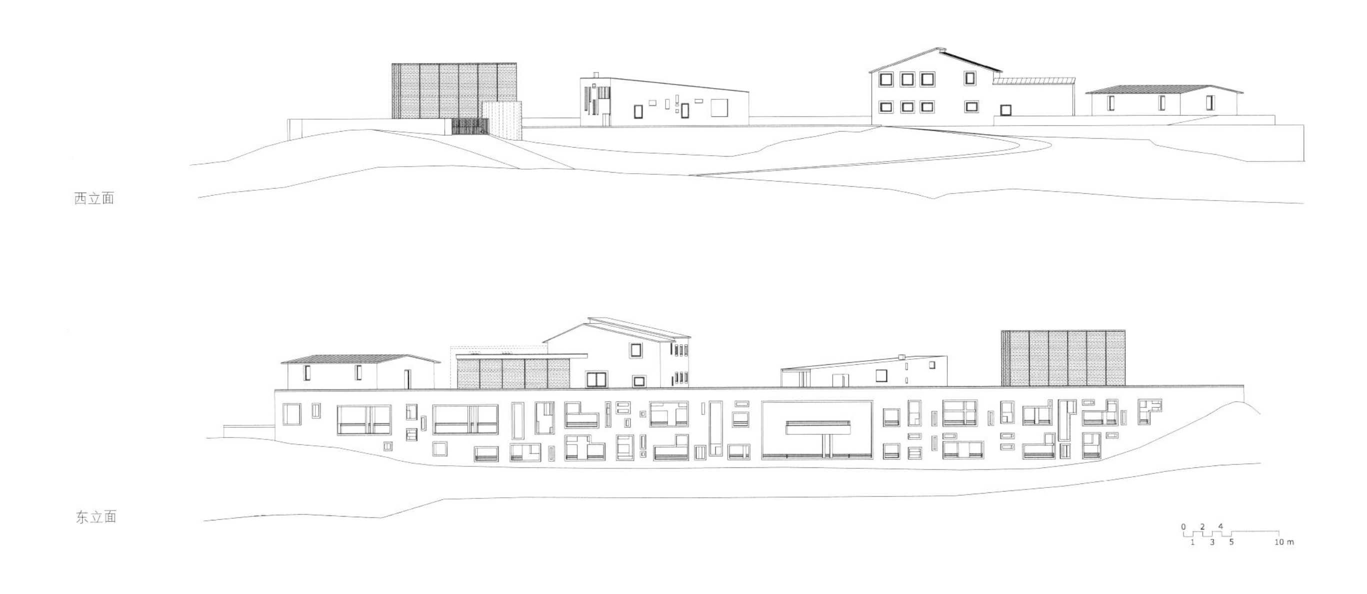
西立面
东立面
0 2 4
1 3 5 10 m

# A21 住宅

# A21 HOUSE

撰　　文 | 藤井树
摄　　影 | Hiroyuki Oki
资料提供 | a21studio

地　　点 | 越南胡志明市（Hochiminh, Vietnam）
设　　计 | a21studio
占地面积 | 40m²
材　　料 | 砖、木头、混凝土、钢筋、绿色植物
竣工时间 | 2012年1月

1 轴测图，屋顶的一个尖角被削去，形成一个三角形天窗
2 区位图，项目所在场地非常小且逼仄
3 建筑外部

想要每天早晨可以在一种舒适愉悦的状态下画出第一条线，想避开所在城市的高度污染和频繁的交通堵塞而不想外出，因此 a21studio 的设计师梦想拥有一个同时具有办公室和住宅功能的房子。因为预算有限，a21studio 选择在距市中心十分钟路程的 40m² 的多边形地块上来实现这个梦想。

项目所在场地非常小且逼仄，占地面积只有 40m²，沿街面只有 1.5m 宽，并且场地处于一条街道的尽头，相邻均是相对高大的建筑物，这给需容纳四名员工（包括带着一个小孩的一对夫妇）的办公室及住宅设计的通风、采光带来不小挑战。

设计师把建筑设想成一个沉浸在充足阳光、泛滥雨水中并被树木所包围的野外笼子，部分开放式的结构使建筑得以捕获阳光、风和雨水，植物也真正可持续地融入建筑，从而建立起自然和建筑物之间的联系，解决了场地逼仄所带来的问题。在这个笼子里，阳光、风、雨水、树木也定义了人的活动。

总体上，建筑内部基调通过简洁的有特定纹理的白色墙面、室内生长的少量绿色植物得以营造。屋顶的一个尖角被削去，形成一个三角形天窗，天窗下的露天空间紧密联系着办公区和卧室区，使阳光、雨水、风得以自然地渗透进这些区域及内部其他空间。木地板则根据不同功能，被分解为平行或成角度排列的一排排细棍，光线透过棍子间的线形空隙，由屋顶流淌下来，直到一层，即使最狭窄的角落也可被照亮；木地板的构造也使植于露天空间的杨桃树（averrhoa carambola tree）可以不间断地从一层生长到三层。

以钢筋做栏杆的木制楼梯，引人走向三层铺满瓷砖的卫生间，再通过木制桥梁，可到对面玻璃围成的卧室，再透过天窗，可观看周边的城市景观。居住者坐在餐桌边上，可听到树叶在风中沙沙作响，风声因树叶阻挡也迟钝起来；也可以每天早晨，坐在树旁，倒一杯咖啡，看着绿叶被撒上清晨阳光，闪闪发亮，影子映在了咖啡里。讲究的材料、讲究的流线及空间布置，这个本来是模仿笼子的有空隙的空间，最终成为了一个雅致的生活庇护所，一曲和谐自然的旋律。END

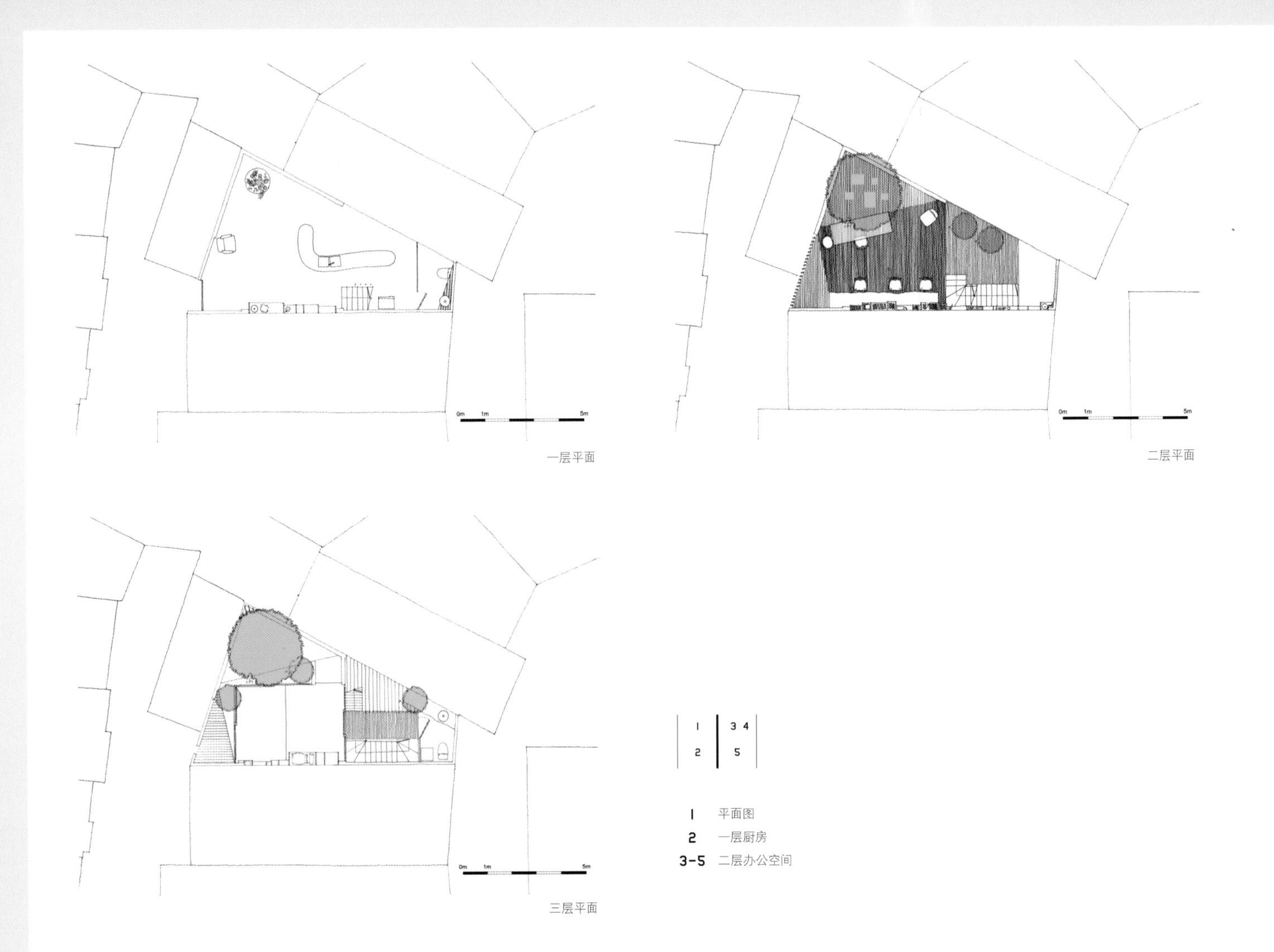


| 1 | 3 4 |
| --- | --- |
| 2 | 5 |

1 平面图
2 一层厨房
3-5 二层办公空间

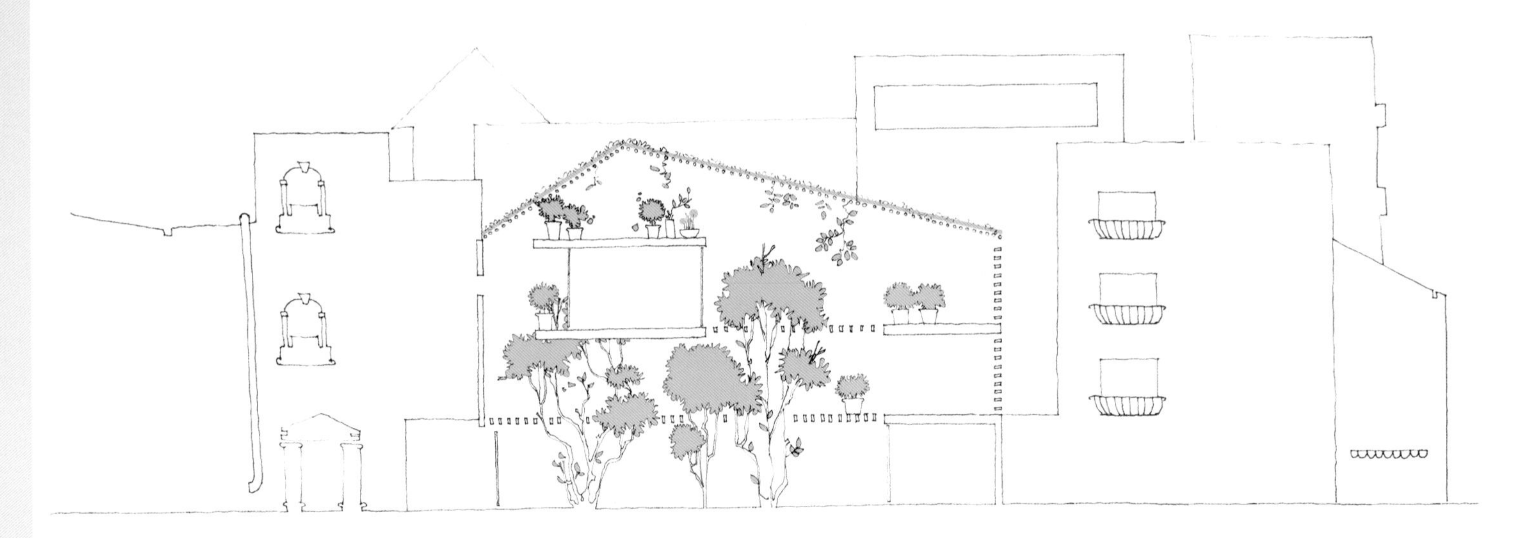

| 1 | 3 4 |
|---|---|
| 2 | 5 |

1 剖面图
2 餐饮区
3-4 以钢筋做栏杆的木质楼梯
5 轴测图

| 1 | 2 3 |
|---|---|
| | 4 5 |

**1-2** 三层的卧室
**3** 光线透过间隙逐层流淌
**4** 从卧室看卫生间
**5** 透过天窗，可以看见周围景观

# L 形住宅
# L-HOUSE

摄　　影 | Hertha Hurnaus
资料提供 | Architects Collective ZT-GmbH

地　　点 | 奥地利布尔根兰（Burgenland, Austria）
建筑设计 | Architects Collective ZT-GmbH
使用面积 | 300m² (不含车库和设备间)
建筑面积 | 450m² (含车库和设备间)
设计时间 | 2009年9月~2010年1月
施工时间 | 2010年10月~2012年2月

这是一所位于奥地利布尔根兰南部郊区的两层公寓住宅，业主是一对年轻夫妇。业主希冀一种与周边绵延交错的田野山岭和谐共融的现代生活体验。Architects Collective ZT-GmbH（以下简称 AC 事务所）的建筑师经过深思熟虑、多重推敲后，运用传统而经典的 L 形平面布局，其半开放半围合式的平面布局，尤以强大的凝聚力促进家庭温馨团结，同时家庭成员亦可感受自然以及季节更替。这处 L 形住宅既融进周边环境、处处体现自然生活，满足业主需求，为其带来全新居住体验，也推进现代化住宅、能源及生活理念的发展。

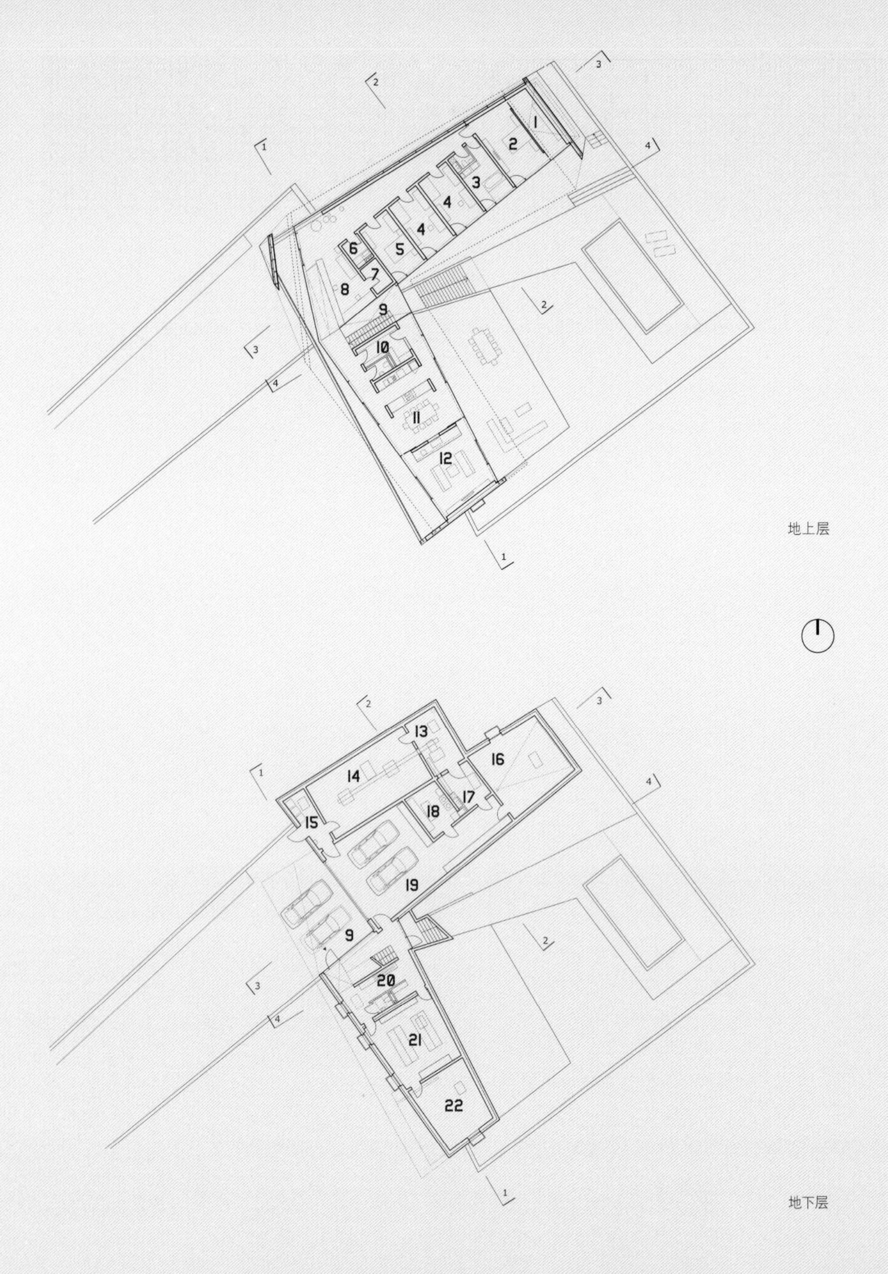


1 壁橱
2 卧室
3 浴室
4 儿童卧室
5 客房
6 浴室
7 储藏室
8 娱乐及阅览室
9 入口
10 食品储藏室
11 厨房及餐厅
12 客厅
13 锅炉室
14 储藏室
15 垃圾库
16 娱乐活动空间
17 公用服务设施
18 洗手间
19 车库
20 藏衣室
21-22 地窖

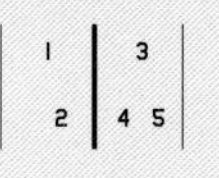

1 平面图
2 区位图
3 建筑外部
4 入口
5 私人车道

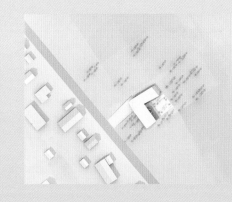

## 构成

这种L形布局，曾以其标志性显著的结构在建筑界内为将类型学推向21世纪提供了动力。“L形的平面布局灵活地演绎了围和庭院的半开放性，以及客厅与卧室区的相对独立性。”AC事务所合伙人之一Kurt Sattler表示，“同时大片延续的玻璃幕墙把充足的自然光线带到室内，带来开阔的视野，创造出室内与室外，建筑与自然，相互渗透，浑然一体的效果。”

## 空间

建筑师巧妙地在L形悬挑的尖角部分，形成一个入口区域，以此通向两层高的门厅及上层的庭院，门厅的楼梯间连接着上下两层。上层的L形一端为为私人卧室区，另一端为客厅、餐厅、厨房组成的公共生活区，两个区域的交接部分形成了一个具有灵活性的、起枢轴作用的公共空间，目前这个空间作为孩子的娱乐及阅读区域，同时也是入口处、门厅及电梯间所在区域。

## 光线

住宅的使用面积约300m$^2$，但其经深思熟虑后形成的富有表现力的建筑形态，尤其是巨大连续的玻璃幕墙把充足的自然光线带到室内，并带来开阔视野，使人可一览连绵起伏的田园风光和山谷胜景，室内与室外、建筑与自然（周围景观、自然光线、空气、风）契合一体。同时，采用三重中空玻璃严格控制了室内外能源的损耗。此外，建筑的朝向和悬挑提升了室内的舒适性，并降低了住宅能源消耗的成本。

“设计以人为本。”AC事务所另一位合伙人Andreas Frauscher表示，“我们坚持根据业主的需要对建筑本身进行规划与设计。”在项目开展之前，设计师与业主之间往往要通过多层次的交流、沟通。“通过多方面的前期准备工作，从而让设计师与业主达成共识，设计出舒适怡人的住宅,这才是我们设计的宗旨。”光线、设计感、舒适是这所建于布尔根兰南部的住宅得以璀璨的关键所在。END

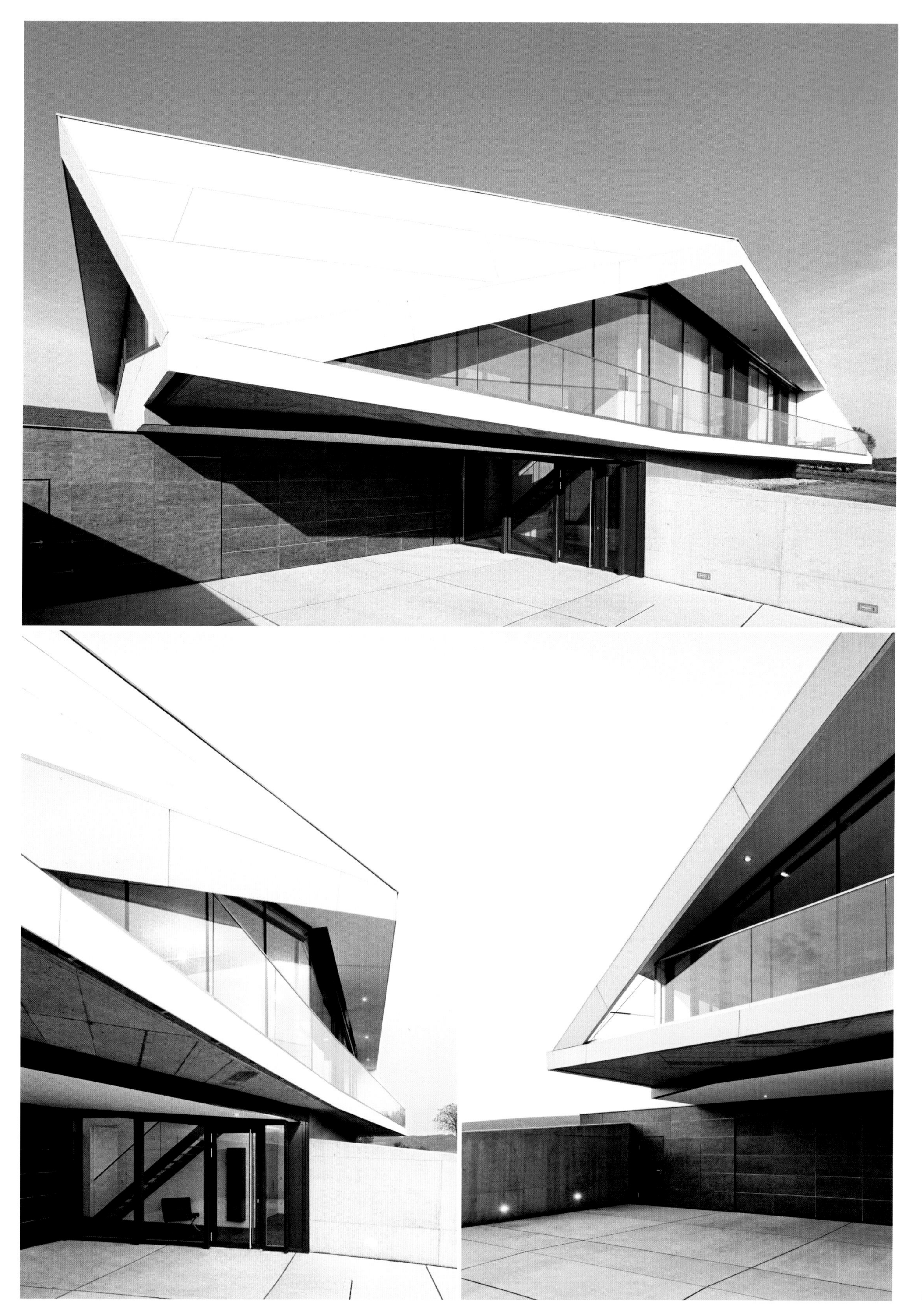

1-2 庭院
3 由入口的楼梯间可分别通往室内及庭院
4 概念图解
5 立面图
6 剖面图

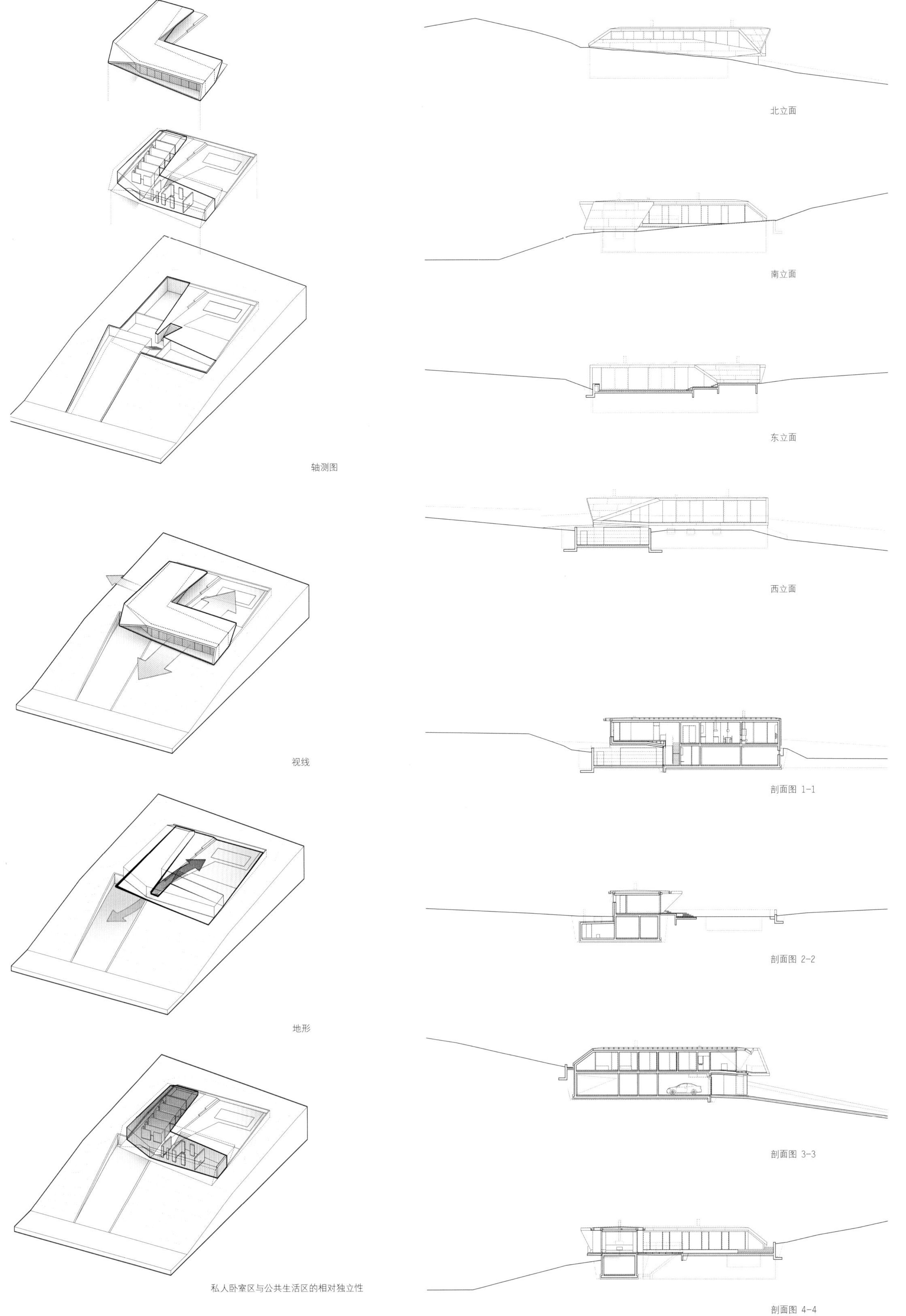

轴测图

视线

地形

私人卧室区与公共生活区的相对独立性

北立面

南立面

东立面

西立面

剖面图 1-1

剖面图 2-2

剖面图 3-3

剖面图 4-4

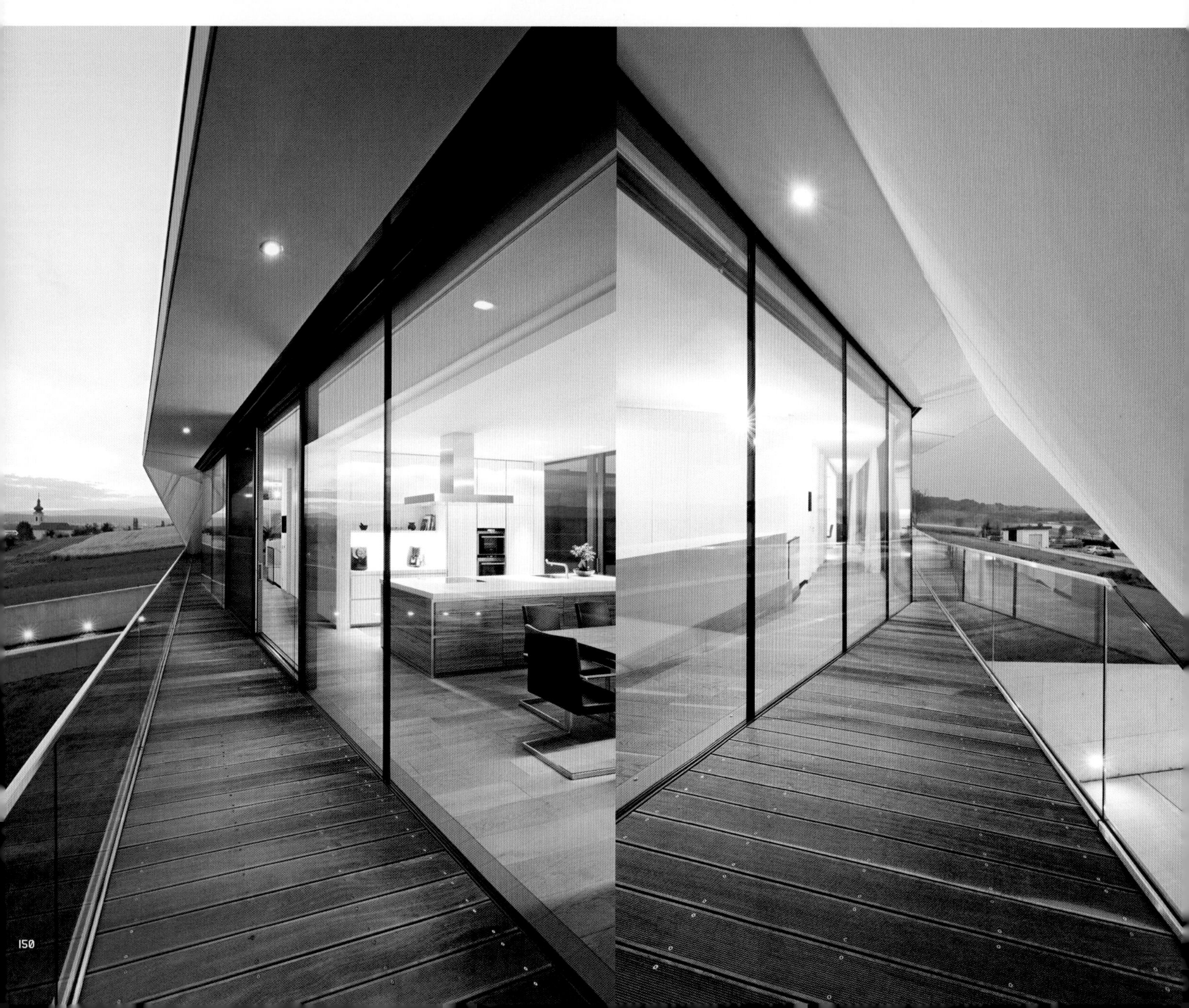

| 1 | 4 5 |
| --- | --- |
| 2 3 | 6 |

1-3 露台
4 客厅
5 厨房与餐厅
6 走廊

# 橘色明星：锦江之星横店影视城店

# JINJIANG INN OF HENGDIAN MOVIE AND TELEVISION CITY

撰　　文｜熊锋
资料提供｜上海泓叶室内设计咨询有限公司

地　　点｜浙江省东阳市横店
项目类型｜时尚酒店
设计团队｜HYID 上海泓叶室内设计咨询有限公司
设计时间｜2011年6月
竣工时间｜2011年11月
主要材料｜涂料、陶瓷地砖、夹胶玻璃、背漆玻璃、镜面、不锈钢

1 | 2 3

1　鲜明的色块和方正的造型充分体现在大堂休息区域的设计中
2　大堂空间充分体现了橘色盒空间的主题概念
3　时尚的墙面装饰

步入大堂，入口处悬挂的矩形盒子上开凿出一道构成主义的竖向缝隙，这一手法继而不断被应用于空间的不同部位，如吊顶与玻璃盒的间隙、沙发后背的低柜等等。而对面灰色背景墙上的三幅巨型艺术品则将室内表情定格。画面中高低错落、富于节奏感的橘色系方块传达出一种现代、积极的气氛。而以平直的界面构成的矩阵空间则为这些艺术品提供了适合的背景。在此，整体空间的设计语言，不论造型抑或是色彩，都浓缩在艺术品的特征中。

整个空间在目光所及之处，皆是简洁的形体、纯净的色彩。这不仅是因为在设计时使用了大量简单干净的细部造型，更因使用玻璃、镜面、不锈钢等高反射度的材料来体现空间的光洁干净，而这些材料在空间中的分布，则又表达了本案的主体概念：强调线对空间的分割，形成体面分离、面面分离。这一概念始终贯穿于整个设计中，例如在墙面的阳角转折处使用不同的材料，给人“薄”的视觉效果，即体面分离；而利用不锈钢金属嵌条来分隔立面也是这一概念的进一步延伸；又如使用同种颜色的不同材料出现在地面直到墙面和顶棚，形成了不同色块之间的面面对比。

酒店在平面布局时便强调二次空间抽象关系中对称与对位的轴场关系，这就使得空间始终给人一种理性、平衡之感。平直简洁的造型界面，加上反复推敲的比例组合及照明设计，使完成后的室内空间，显得十分内敛优雅，同时又不失其时尚的气息。橘色是最显著的视觉感受，橘色又存在于空间视线的交汇区域，存在于灰色环境的包围中。在此，色彩的构成，进一步突显出了空间组合的抽象关系，灰色系与橘色系的纯度对比，则是二次空间营造的关键手法。如大堂中橘色的透光总服务台与休息区顶上的橘色玻璃盒子遥相呼应，而这个盒子在另一个轴线上则对应橘色的电梯厅正大门，此类关系在地下室的餐厅中则表现得更为强烈，各个灰色就餐区域中的中心轴线交汇点则是明亮的橘色自助餐区。

横店影视城酒店的室内设计，就如云集该地那些耀眼的明星，成为影视城中的一道难忘的风景线。END

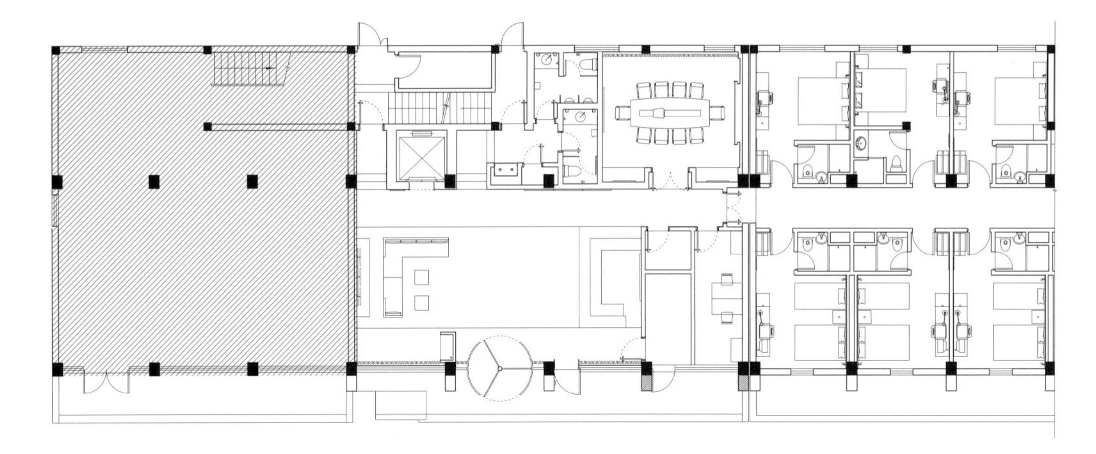

一层平面

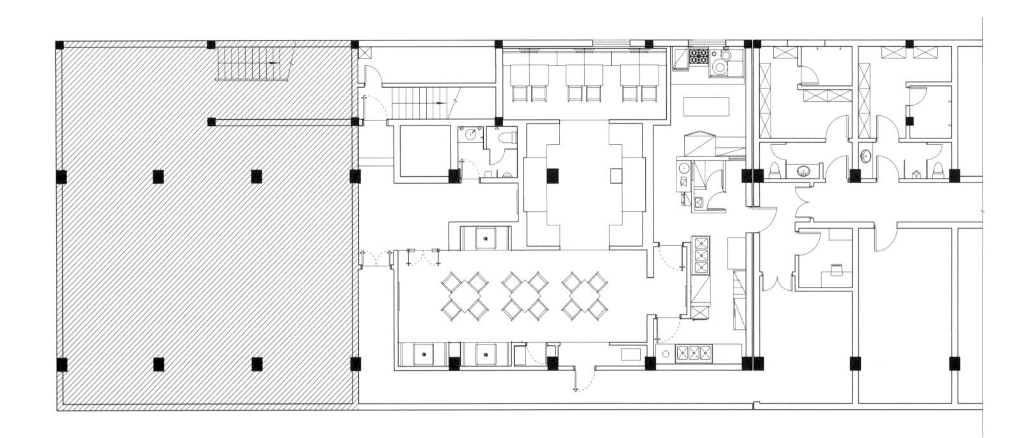

地下一层平面

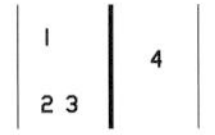

1 平面图
2-3 大堂一角
4 条形间隙的造型充分融入设计的不同界面之中

PHILIPS

| 1<br>2<br>3 | 4 |
|---|---|

**1-2** 餐厅自助餐区域

**3** 强烈的色彩对比，配合特色的灯光照明，构成了餐厅的总体印象

**4** 餐厅一角

# 提前感受北海道

撰　文 | 程俊
摄　影 | Renay Cheng

喜爱到北海道旅游，不仅是因为这座日本最北部大岛，保存了美丽的原始森林、缤纷又恬静的自然美景，还因为这一次的前往犹如对心灵的一次洗涤，或许你不会对整个行程的每个地点都一一记得，可那些令人回味的小细节总是萦绕于心，似乎每个细节背后又蕴藏着如此丰富多彩的人文意味，于是乎，你爱上的不止是这次北海道旅行，你还会爱上那些有趣的城市，感谢老天给你如此美妙的机会遇上那些有缘的人与事。

# 享受独一无二的
# 札幌美味

**Tips:**

推荐汤咖喱餐厅：汤咖哩店 S

营业时间：11:30 至 22:30（休息日星期三）

地址：中央区南 3 条西 4 丁目 Silver Building 地下 1F

电话：(011)219-1235

交通：地铁南北线［すすきの駅］下车，徒步 1 分钟。

女主人模样的店员迈着小碎步，笑容可掬地对我用日文说道："让您久等了！"，她身后的墙上饰以优雅的象形文字，毫无偏差地解释着每道菜的用料，此刻热腾腾的美味佳肴已在我面前摆放完毕：一碗金黄色的咖喱汤汁上覆以红萝卜、南瓜、马铃薯、青椒、秋葵与香菇等配菜，再配合蟹、虾及扇贝等海鲜，看起来就让人食欲大增。好，那么这就是传说中的札幌汤咖喱了。

1990 年代中期，大量汤咖喱专门店涌现，由于不少饮食家都曾对各种汤咖喱店进行过不同程度的评价，令汤咖喱的名气持续上升。从 2000 年代开始，以札幌中央区为中心的北海道地区掀起了汤咖喱的热潮，这股热潮经过传媒的报道后，很快传到北海道以外的地区，汤咖喱迅速成为北海道的新著名产物，名气席卷整个日本。现在，汤咖喱已然和北海道拉面一样受欢迎，成为了老少皆宜的人气食谱。可事实上，若要想品尝正宗的汤咖喱，你只有来札幌。

作为日本第五大城市，札幌是北海道的行政、经济中心，其中札幌市内的薄野，更是札幌最大、最繁华的地方，晚上的霓虹灯和川流不息的人群，充分反映出札幌夜生活的多姿多彩。至于札幌的街道呈棋盘布局，井然有序，整个城市被绿色环绕，满眼望去郁郁葱葱、花香四溢。市内到处有开拓时代遗留下来的建筑物，犹如一尊尊纪念碑记录着百年来的开拓历史，洋溢着日本其他城市所没有的独特魅力。

札幌的汤咖喱与其他地区的汤状咖喱相比，确实有其独特之处。例如，札幌的汤咖喱并没有使用面粉，因此其质感并不像其他咖喱般浓稠，与少用水分的北印度咖喱相比之下，日本汤咖喱的食用质感比较丰富。它的汤汁使用大量的水，以鸡骨、牛骨或猪骨加上各种蔬菜熬制汤底，再加上各种香料制作而成，不过部分汤咖喱店也会加入昆布或鱼类等日本风格的食材。

在札幌，汤咖喱店通常把辛辣度分成各等级（由 1 至 10 级不等），供客人自己选择。有的店铺会把材料、汤和辛辣度分别列于菜单之上，你可以按照自己的口味爱好随意搭配组合。汤咖喱有许多种吃法，就我个人而言，我偏爱另盛一盘米饭，搭配着吃，当然，这也是当地最传统的吃法之一。

# 带着孩子去 旭川市旭山动物园

旭川市旭山动物园在1967年开幕之后，虽然以“日本最北端的动物园”为号召曾经风光一时，但毕竟光是日本最北端的动物园的特征不足以留住旅客，加上隐匿园内动物死亡疏失的事件，入园人数逐年降低，还曾经一度关园。园长跟饲养员不肯放弃，决定要建造出能够让游客感受到大自然生命的温暖与珍贵的理想中的动物园。根据多年与动物相处的饲养员的观察和尽心的研究，终于决定以动物的观点重新规划动物园，因而研发出一种崭新独特的“行动展示”方法，依照着动物活动的特性，让游客以各种角度看到动物而且不会惊扰到动物，甚至巧妙到让人可以用非常近的距离观察动物。

比如动物园内超人气秀当属“企鹅散步”，企鹅散步的目的是要增加运动量帮企鹅瘦身，但反而吸引了人们观赏；或是例如工作人员会在玻璃上涂上蜂蜜，吸引猴子来舔，而人也因此可以站在玻璃前面对面看着猴子张嘴舔蜂蜜。再譬如在北级熊的栏设中装设由地面上浮起的玻璃罩，让人可以从地下道走到这玻璃罩下探头出来，面对面观看北极熊。此外，动物园内还设有可以亲近动物的儿童牧场、摩天轮、云霄飞车等游乐设施，无论大人小孩都能乐在其中。

正是以动物原本自然的生态呈现给游客的展示手法，使得参观旭川市旭山动物园的人数在2006年夏天超越了拥有熊猫的恩赐上野动物园，成为日本拜访人数最多的动物园，也是日本全国民众票选最受欢迎的动物园。

现在，如果你请北海道人推荐一座动物园，你问十个大概有十一个人会向你推荐“旭川市旭山动物园”！

**Tips:**

旭川市旭山动物园内有些动物会在傍晚时回窝休息，展示馆也会随着关闭，会看不到这些动物。请注意要提早到。如猩猩是在16:00、狮子与豹在16:30、北极熊在16:45会回窝休息。

旭川市旭山动物园的营业时间分夏季与冬季。夏季结束时会把经不起冻的动物移到室内，所以冬季的营业时间比较短。

旭川市旭山动物园内超人气秀“企鹅散步”只有在12月中旬至3月中旬举行，每天2次。想要看企鹅在道路上走路的样子的人，必须注意举办期间。虽然很冷但在零下温度里排队也是一种很特别的经验。

8月13日至8月17日开放“夜间动物园”，在这段期间动物园特别营业到21:00。你可以看到动物在晚上的行动，也可以看到四处飞的萤火虫，相信会是个难忘的体验。

动物园规模很大，旅客又多，通常都会在排队或是走路上消耗些时间，如果要好好欣赏，建议最好能安排1天在此。要是没时间，至少安排3个小时只参观3大人气馆——海豹馆、北极熊馆和企鹅馆。光是逛这3个馆也可以欣赏到旭山动物园独创的行动展示。

JR旭山动物园号：这趟列车在寒暑假和节假日往返于札幌和旭川之间，车厢内设有小朋友喜欢的可爱动物坐席及各种有趣图案。一号车厢北极熊号用蓝色调布置成北极天地，供小朋友们嬉戏，其余车厢分别以狼号、狮子号、大猩猩号和企鹅号来命名。车厢内设有各种动物造型的座椅，可以与动物们尽情拥抱。运行时刻表：8:30（札幌）至10:07（旭川）；16:05（旭川）至17:46（札幌）

网址：www.jrhokkaido.co.jp/travel/asahiyamazoo

# 在水之教堂
## 见证爱的誓言

从札幌向东坐火车大约 2 小时，经过浓雾笼罩的碧绿的山谷，会到达一个叫 TOMAMU 的小站。站台冷清得让人怀疑走错了地方，而实际上，TOMAMU 度假村是北海道著名的滑雪胜地。水之教堂就在 TOMAMU 度假村酒店的背后，位于夕张山脉东北部群山环抱之中的一块平地上。从每年的 12 月到来年 4 月这里都覆盖着雪，这是一块美丽的白色的开阔地。

最初我对“水之教堂”的了解是通过梁静茹《崇拜》的 MV，画面中风穿过山林，静谧聆听大自然呼啸的声音，水面微波，水中央屹立的巨大十字架，一只乌鸦在此停落又飞走；教堂墙壁上有成排的孔，玻璃大门缓缓关闭，中间黑色的边框与外面白色的十字架紧紧吻合，仿佛它们也是完美的一对，彼此相对；红色的枫叶飘落，雨停了，那个叫做崇拜的小洞中缓缓流下了一滴泪水。MV 拍得很唯美，配合着静茹的歌声，我就在这种情绪里，对这个小小的婚礼教堂向往许久。而今，当我面对那真实的泛着微微涟漪的池塘，感受到的是这位传奇建筑大师——安藤忠雄给我们所带来的震撼力量，以及他想传递给人们的某种信息。

正发呆，突然背后出来一个人，几乎吓我一跳。原来是 TOMAMU 度假村接待我们的钟明先生，“现在这里每年大概接待 400 多对情侣，大概每天起码有 1~2 对以上的恋人在这里结为夫妻。”为了展示婚礼时的效果，他按动墙上的按钮，那面巨大的玻璃缓缓地打开，外面清凉的风透进来，水声重新响起。我不由自主地向水边靠近，有一种需要屏住呼吸的感觉。凝视着远处的十字架，我感到梦幻一样的冲动：在宁谧的山林中、清澈的水畔，静静感受执子之手、与子偕老。若此刻有人问我行过这些路，有哪些地方，引起你想发誓结婚的冲动？那么我会毫不犹豫地把这儿列入其中。

**Tips:**

**水之教堂：**

在距离旭川不远的 TOMAMU 度假村区域内，有建筑师安藤忠雄所设计的“水之教堂”，与“光之教堂”、“风之教堂”合称为安藤的教堂系列，吸引着全世界的恋人们。作品中既能看到安藤独特的清水混凝土技法，没有任何多余的简洁设计，同时又让人感觉温暖而恬静。与主张抗争自然来扩展人工世界的西方思维不同，这座教堂来源于非常重视人与自然之和谐关系的日式感性思维。倒映着十字架的夜间婚礼，荡漾在湖面上的花园油灯的光，静谧的星空，一切都被神圣和庄严的情感包围。

**TOMAMU ALPHA RESORT**

**北海道途玛都度假村：**

途玛都度假村是北海道首屈一指的度假村，一年四季有不同美丽的风光。这里，有日本最大的室内人造海浪游泳池（长 80m，宽 30m）。滑雪场拥有品质极佳的雪，拥有 18 条多元化滑雪路线，而且可以观赏到白雪之下的群山美景。特别推荐的是度假村内的尼葡力森林餐厅及木林之汤露天温泉。

查询处电话：0167-58-1234

**用镜头为花田拗造型**

从札幌前往富良野约 2 小时。进入薰衣草季节，会有一个叫“薰衣草田野站”的临时火车站，离富田农场只需步行 7 分钟。之后选择乘坐迷你观光巴士，分别可参观葡萄酒工场、葡萄果汁工场、富田农场、芝士工房，费用也只是 150 日元起。

每年到了 4 月中旬，北海道旷野草原的积雪开始融化，草木长出了嫩绿的新芽，河边丛生的福寿草绽放花蕊。再往后，6 月下旬至 8 月上旬，尤其是整个 7 月，北海道的山坡和平原都变身成为紫色的花海，空气中弥漫着特殊的幽香；加上其他种类的花如秋海棠、金盏花、芍药、玫瑰、大波斯菊等，共同编织成彩虹一样的花海，实在令人陶醉于花的世界当中。

这儿就是富良野和美瑛，有着日本最负盛名的薰衣草田，清风拂动紫色的小花，幸福因此变得生动。除了富田农场的彩虹田，美瑛的琉武・亚斗梦花田也是决不能错过的观光胜地。美瑛多丘陵，起伏柔和轻缓，极具女性曲线之美，且一重重如波浪般向远处推开。公路沿线植满了色彩鲜艳的花田，春天是罂粟、夏天是薰衣草和向日葵，秋季有波斯菊，你可以尽情地在花田中拗造型，也可以想方设法用手中的镜头为花田拗造型。END

**Tips:**

北海道传统美术工艺村：位于大自然环绕的小山丘，结合了 3 间文化设施的艺术村。由三个不同主题的美术馆所构成，包括以北国自然景观为设计理念的优佳良织的“优佳良织工艺馆”、展示世界各国染织品的“国际染织美术馆”、以及从各种角度欣赏雪的艺术的“雪之美术馆”等三大主题文化设施。

地址：旭川市南之丘 3

交通：从 JR 旭川站乘车约 15 分钟

3 馆共通门票：成人 1400 日元、高中大学生 800 日元、初中小学生 600 日元

富良野奶酪工坊（手工体验工坊）：在富良野乳酪工房里，透过参观、体验等课程，可以了解关于乳制品的各种相关常识；另设有问答装置机器，考你有关乳制品的常识；并展示制造乳酪的道具，以最易了解的方式解说其历史和营养成分。在此还贩卖当场制成的乳酪制品，种类丰富，相当受欢迎。在手工体验工坊，游客还可以亲自体验黄油、冰激凌、面包、奶酪等各种产品的加工制作。

查询处电话：0167-23-1156

参观 / 体验时间：5 月至 10 月上午 9:00 至下午 5:00 点 全年无休 7 月中旬有时延长
11 月至 4 月 上午 9:00 至下午 4:00 点 每周日和第 1、3 周六休馆

# 张应鹏："非"之语境

撰　文 | 李威
录音整理 | 王瑞冰

张应鹏

1964 年 12 月生于安徽郎溪

1987 年 7 月毕业于合肥工业大学工业与民用建筑专业，工学学士

1987 年 7 月进入江苏工学院基建处工作

1995 年 3 月毕业于东南大学建筑研究所现代建筑设计及其理论专业，建筑学硕士

1995 年 4 月任苏州工业园区设计研究院首席建筑师

2000 年 6 月毕业于浙江大学现代西方哲学专业，哲学博士

2002 年 1 月至今任九城都市建筑设计有限公司合伙人、总建筑师

**ID** =《室内设计师》
**张** = 张应鹏

# 成长：意料之外，本心之内

**ID** 我们小时候都写过《我的理想》这样的作文，您设想过自己会选择建筑这个行当，走到今天的状态吗？

**张** 以前完全没有想到现在这种状态。我觉得人生是一步一步走过的，理想也是一步一步实现的。理想应该是每一步你能力范围内最可能的目标，过于遥远就近乎空想。我从小在农村长大，回头想想还是挺可爱的，我的第一个理想是电影放映员，因为当时在乡下看电影很难，就很羡慕放电影这个职业可以经常看电影；后来上学路远，要步行很长时间，有时走不动就扒拖拉机，那时候就想以后当拖拉机手该多好。人无法预知未来，我也不愿意预知，我觉得偶然性和不确定性更有意义。过去人们倾向于认为世界是确定性的，而哲学研究从本体论转移到认识论，特别是发生语言学转向以后，世界被假定为不确定的、偶然的，认知层面上的主体性开始占取上风。偶然性和不确定性带来的是另一种价值，就是“意外”。“意料之外”是美学欣赏的最高境界——原来如此。人生往往是由无数个偶然构成的，我比较期待并享受着可能性和意外的收获。

走上建筑这条路，有必然的因素，比如我从小就对色彩和形式有特别的偏好，很喜欢绘画，画起来可以不吃饭不去玩；玩泥巴可以做出非常像样的东西来；剪出来的花给周围很多人拿去做绣样……但更多还是偶然的因素。参加高考时我对专业完全没概念，不知道工民建和建筑学的区别，工民建招的人多就选了这个。慢慢发现同系的另一个专业——建筑学才是我真正喜欢的，就努力向那个方向靠拢。正是这种兴趣与爱好伴随着我走到今天。我很庆幸我的爱好同时就是我的工作，我的工作方式也成为了我的一种生活方式。

**ID** 您学士、硕士、博士三个学位跨了三个学科，现在人们谈到这一点都觉得您很成功，但对您而言这十年修学路一定也是不断面对逆境的过程，您怎么看待这段经历？

**张** 很多人说我有眼光，学了工民建，还在工地上管过施工，又去读建筑学，再读哲学，现在全用上了，一步步都算得很准嘛。其实我完全没有算过，也没法算，这么过来有很多偶然性。

1983 年拿到大学录取通知书的时候，和那时的大多数同学一样，我认为我一生的问题已经解决了，有了铁饭碗嘛。可是后来了解了建筑学，就特别想学。当年我在本科想要改学建筑学时，转专业是很困难的，只能同时学两个专业。工民建专业的老师为了对我负责，以免学建筑学课程时荒废了本专业而无法正常毕业，还要求我必须保证本专业平均分不低于 85 分，所以我四年里逼得自己很苦。1987 年毕业时想再多读一年读双学位，却赶上原本一个系的两个专业分成了两个系，加上时局的原因，毕业生被尽量分配到基层，我就被分到江苏工学院（现江苏大学）基建处。工作就是管工地，称沙子、查钢筋，一待五年，苦倒没什么，主要是心情比较压抑。当时同住教工宿舍的许多同学都对前途很灰心，想要回头读书，纷纷考研。在这种气氛下，加上我自己也想往建筑学的方向转，就决定加入考研大军。那时也是无知者无畏，觉得要考就考最好的学校、最好的导师，就报了东南大学建筑研究所齐康老师的研究生，居然给考取了。过后才知道，那年齐老师招四个

1 沧浪新城规划展示馆
2 苏州九城都市建筑设计有限公司办公室

学生，三个名额已经基本确定，很多了解情况的同学就没再报考建研所，我误打误撞地就这么考上了。所以你看，人生有多少偶然性啊。读研的第一年就很艰难，这时我才发现自己跟同学们差距太大了，所幸有一个很好的环境，除齐康老师外，还同时可以向赖聚奎、陈宗钦、王建国、段进、郑昕等老师请教，还有朱竞翔、张彤、邱立岗、华天舒等同学能一起交流。这种状态下，只要自己肯学，有感悟，就有机会。我整个建筑学的训练、专业知识的积累，主要是在这时。

1997年，距本科毕业第十年，我去读了杭州大学（后并入浙江大学）夏基松先生的西方哲学博士。如果说考大学是解决了生存问题，读硕士是解决了职业问题，读博士就完全是基于个人追求。我当时觉得空间作为一种语言，是用来描述我所认识的世界，陈述我对世界的看法，以此完成我对社会的责任义务，因此必须从哲学、社会学、宗教或民族文化等人文学科的角度去理解建筑，才可能找到建筑创作的真正出路。所谓"形而上学"，"形"不上，就永远是形;只有上升,才能成为"学"。也很巧，偶然认识一个朋友是夏基松先生的学生，知道我想读人文学科，就帮我引见了夏老师。夏老师是国内西方哲学研究的权威，人很和蔼，心态也很开放，居然愿意接受我这样跨专业的学生，我就决定报考夏老师的西方哲学博士。原本从东南大学毕业后我在苏州工业园区的设计院做首席建筑师，放弃挣钱和发展的大好时机去花钱花精力读哲学博士，所有人都认为是发疯。而且我那时积蓄不多，还要养家，说实话生活的压力很大。但就是感到仿佛内心有一种召唤，无法抗拒，无法解释，支撑着我面对各种阻碍和困难。我备考的时候那真是闭门苦读，幸运的是总成绩和单科成绩都过了。所以说，人生中有很多偶然，但如果自身不努力，所有的偶然就跟你没关系。

读博期间，借着论文的压力，我等于是花了三年时间潜心读书，这种有目标的阅读效率很高。因为是把1960年代到2000年的相关哲学、文学、语言学、社会学等专著同时读，就很容易从横向上对时代的研究状况与人文思考做整体上的梳理与把握，慢慢地就能建立起自己的知识体系。我们看世界的角度其实是由知识背景决定的，有什么样的认知，就决定了你用什么方法来解决问题。书读到一定程度，或者阅历增长到一定程度，人的认知能力会融通，更容易从纷杂的现象中找到问题的本质。所以后来我的博士论文就结合了哲学的非理性与空间的主体性，提出非功能空间的意义，可以说我现在的所有设计都是基于这个理论体系而完成的。

比如我们自己的办公室设计，就希望能解决现代人工作和生活二元对立的问题。人们周一想到要上班就不舒服，周末就好像鸟出樊笼，这就是由于工作生活二元分裂，工作是为了生活不得已而为之，但最后把生活挤没了。我们的空间营造就是把工作和生活合二为一，或者说把工作变成一种生活。开放性的图书馆使阅读变成休闲；图书馆、工作区、观景区的并置使读书、工作、看风景从感知上统一起来。这里既是工作的空间，又是生活的空间，甚至是休闲的空间，空间的功能是模糊的，是不确定的，或者说是非功能的。同时，空间不再是一处被简单使用的物体，"语言乃存在之家"，在我的设计中空间作为一种语言已然转化为主体。我们说看风景，那么风景是你眼中的风景吗？不，真正的风景在你自己心里。我们的空间安排中内圈是读书的、中间是工作的、外圈是看风景的。为什么？先读书，读书培养人的内心，而工作是生活的体验，二者兼具以后，风景才是真正属于你心中的风景。其实这是一个存在主义的问题。而我认为这恰恰是建筑学真正要解决的问题。从常规来讲，建筑设计好像就是画图、排功能，而哲学的背景却提供给我更多思考的角度。如果没有这个背景，可能我也有直觉，但这个直觉是飘在空中的，无法明晰化，更无法转化为空间的表达。

# 空间：跳出功能，回归人性

**ID** 能否再进一步谈谈“非功能空间”的理念？

**张** 现代主义认为形式追随功能，我觉得过于机械。空间的目标不应该仅限于功能。学了哲学以后，我就开始有反思，进而怀疑这种功能主义。我不是认为建筑的功能不重要，而是强调功能不应该是建筑师的主要价值呈现。一是功能关系的组织只能算工程技术的范畴，二是功能空间有其具体的使用职能，办公、开会或生产，不需要建筑师引导人们在其中的行为。真正会给建筑师舞台、让我们给使用者带来空间体验的是公共空间。这些空间活跃了，人们在其中得到了美好的体验，在功能空间中才能更有活力、有创造力地工作。比如植物有枝叶、花朵和果实，有人觉得土壤的营养就这么多，应该剪掉枝叶，好让花果更好地生长，结果枝叶没了，花果当然也不会有了。这就是功能与非功能最形象的比喻，非功能不是没有功能。我意识到了这一空间的缺失，并选择了面对，形式不再追随功能，而是形式追随非功能。传统的建筑教育中我们的泡泡图是先画分析图，把功能组织好，再用走道、楼梯把它们连接起来；我是反过来，先把我喜欢的会产生趣味、发生故事的非功能空间做到最精彩，然后把功能空间填进去，当然这个“填”还是有其自身的合理性与逻辑。我为什么要提“非”功能空间，其实是希望有更多的人文价值在里面，承载并传递更多的信息，而不只是被简单地使用。

**ID** 您这种观点业主能接受吗？

**张** 非功能空间并不是浪费空间。我曾经问业主，你想想自己这两年的生活状态是怎样的？他们往往会说去年太忙，很累；今年不错，出去玩了几次，很开心之类。我说那好，你看你对生活质量的评价，其实是取决于你的非工作时间的。人的非工作时间和工作时间，就好比建筑的非功能空间和功能空间。有充分的休闲和娱乐，人的精神状态才会好。我们辛劳地工作不就是为了能享受生活？同理，如今我们已经不是一穷二白，忙活了这么多年，不就是为了让自己生活得好一点吗？现在我们有余力可以谈旅游、度假了，在建筑上也不必那么紧扣功能，可以在非功能空间上多投入一些，可以由此提高空间品质，这才是生活魅力的表现。不仅是一个建筑，放大到一个城市也是如此，其城市魅力一定是跟城市公共空间的多少成正比。杭州之所以那么吸引人，是因为有西湖。苏州工业园区之所以那么吸引人，是因为有金鸡湖、独墅湖甚至阳澄湖。对于建筑来说，非功能空间是最具活力的，因为它对功能没有定义，所以它自由、自在、自主，因为它没有具体功能，所以它可以有任何可能。

**ID** 您能否举几个具体项目的例子来说明如何实现非功能空间的意义？

**张** 举一个未能实现的图书馆设计。我提出把图书馆做成一个公共娱乐场所。在人们的常识里图书馆是读书的地方，要安静，要私密。我就会反思有没有其他可能？以苏州图书馆为例，我们家两个博士，到苏州这么久，就去过一次，还是去讲公开课。我们要想看书，不是必需要进图书馆，总能有渠道查到资料。我认为，城市的公共图书馆不是让我们这些所谓的博士、教授去读书的，本来该读书的人自己自有办法，

1　苏州高新区狮山敬老院
2　苏州工业园区职业技术学院，食堂、体育馆南向正对运动场
3　和学生宿舍一起围合成充满活力的运动广场
　苏州工业园区职业技术学院
4　苏州高博软件学院，综合教学楼之间三层的非功能空间

如果能让那些原本沉溺于麻将桌上和游戏房里的人喜欢上它，让更多普通市民和孩子们愿意进去，那这个图书馆才是成功的。所以我的方案做得特别热闹，图书馆里还有篮球馆、咖啡馆，可以大声喧哗，可以席地而坐并面向城市开放，摒弃了图书馆原有的严肃与神圣。这个方案当然没有通过，不过十多年来我还是没放弃过实现它的想法，并已得到了部分的认可。开始业主也不接受，我就不断地给他们解释。珍本善本书不谈，现在普通的书几十块一本，是否真有必要严藏紧盯，怕丢怕涂画卷折？人跟书之间的距离就这样无形中隔了好几层。书坏了有什么关系？书是用来读的，不是用来藏的，被读破的时候，不也是书的价值最终实现了吗？但当书可以随便翻、随便画的时候，书跟人之间的关系就变得更亲密了。我们作为空间营造者，通过空间设计将神圣的读书行为转化为日常的生活行为甚至休闲行为，把对书的喜爱植入人们心中，而且这个植入过程还比较潜移默化、悄无声息。这才是真正的空间魅力。刚刚设计完成的苏州九城都市建筑设计有限公司自己的办公室也是这种空间逻辑。

还有一个已实现的案例是一所学院里面的食堂。我把食堂放在学校最好的位置，这也是一个反常规的做法，一般认为食堂脏乱差、有味道，最好放在下风处。这里很重要的一点是，你对食堂是怎么理解的？我们现在的整个教育受现代功能主义的毒害太深，现代主义讲究的是两个问题，功能和效率。业主方的学院院长就认为，食堂的功能就是要吃饭嘛，要吃好，不吃好怎么读书？吃饭就像给机器加油一样，要加足了赶快来学习。那我们再来想想，学好了又为了什么？不就是为了生活得好、为了吃好饭吗？既然这样，我们何不现在就解决吃好饭的问题。食堂就放在最好的位置，并且为了把它放在最好的位置，就想办法让它价值最大化，让院长、投资商觉得这样做有道理。我就对他们说，食堂其实是一个很重要的地方，我当年在大学就喜欢呆在食堂里，因为在这个地方，你可以遇到所有你想遇到的人，这里不分专业，这里不分年级。我们设计的食堂，有开阔的场地，有明媚的阳光，学生们就会愿意更长时间地停留在这里，或者在这里举办各种活动，那这个场所也就有了更多使用的可能，从而提高着建筑的使用效率。这样，食堂就不只是一个吃饭的地方，而变成了一个交往场所，变成若干年以后大学生活最美好的回忆。只有上课、自习、听老师教训的大学生活多不可爱；而在某个好天气里，打扮得漂漂亮亮去吃饭，坐在那边等一个人，等半天没来，或突然不经意间来了，这也是大学生活最灿烂的一部分啊。

在这里，图书馆的读书功能被弱化，而非读书的气氛被加强了，在这里，食堂吃饭的功能被弱化，交往的功能被强化了；非功能成为了空间的主体，并决定着空间的形式与地位。

# 社会：有限责任，无限可能

**ID** 如您所说，非功能空间的理论主要源自现代西方哲学，那它与中国的本土性如何兼容？

**张** 非功能空间本身是讲场所的一种可能，营造的不是一个明确的目标性场所，所以与中国性并不存在不能兼容的问题。同时，非功能空间也能在中国文化中寻到渊源。中国传统美学的表达方式所强调的意境，就是指向一种可能性而不是必然性，“境生象外”是在主体的认知中完成的。中国的国画中有一种技法叫“留白”，这个“留白”，就是典型的非功能空间，如果都填满了，画面就不生动了。再看中国园林就更清楚了，园林中大多数空间都是非功能性空间，或者说其设计就是非功能空间的设计方法，绝对不是先设计房子的。房子在园林里是简单了又简单，永远就那几个模式，无非亭、台、楼、阁、廊、榭等，变化在于房子和房子之间的关系。这些关系极其复杂，不会从这个房间到那个房间就直接过去，总要有很多的水池、有很多的转折和遮挡，好不容易有个桥，还是九曲八绕的。但是，故事就在复杂中展开，魅力也在复杂中产生，如果没有这么复杂，就没有这么多可能。有了时间、有了距离，体验的可能性就会发生。所以我们就是设计这种可能性，把这个可能性做到最大，这也算是典型的中国式设计方法吧。

**ID** 那么您认为设计师有引导社会行为的责任吗？

**张** 我想建筑师至少有两个层面的责任，一是呈现自己，呈现出自己对理想生活方式或存在方式的理解与看法；然后再将这种理解与看法用空间的方式呈现出来，与社会分享与沟通。有时候我甚至认为建筑师在某种程度上有点像医生，我们对城市与空间进行着诊治与疏导，从而创造一个健康的场所，营造健康的生活状态。

就像前面说到的食堂，我们把它放在一个阳光明媚的场地上，然后我就跟院长说，食堂的桌子和桌子之间不能放一个书架、杂志架吗？无线网络接过来，同学们就能背着电脑来了。学生在食堂里实习开店，卖奶茶、可乐，就提供了一个职业训练的空间……最终这个食堂就不只是食堂了。我们很多时候过于被常规功能所限制，不会去反问。这不应该是建筑师的状态。建筑的魅力，是可以通过空间诱导行为，搭一个舞台，让故事发生。一个好的建筑师应该能够发现很多生活中已经存在的但别人没注意到的东西，然后用一个大家都熟悉的语言表达出来，让大家认识到这个世界更多的美好，这才是我们的责任。

这些年我们也设计了很多学校。我们的教育制度的不合理已是公认的事实，如果按照所谓的形式追随功能的话，我无疑成了我们教育体制的帮凶。所以我就以非功能空间的设计手法对教育体制的不合理进行最大程度的消解，以解放孩子们的活力与天性，这也是我们的责任。

**ID** 也就是给了别人一种通过空间来改变生活方式的可能性。

**张** 对。当然，没有一个空间是能够迎合所有人的，我们只是解决部分问题。我们知道盲人摸象的故事，但我觉得它从某种程度上描述了人们对世界的真正看法，诠释了现实中人们对世界的认知方式。没有对或错，正是不同的片段组成了我们这个世界，所以世界才那么多彩。我只摸到这一点，摸到了功能空间之外的非功能空间，就把这一点呈现出来，做到最好，给这个世界一个补充，就可以了。

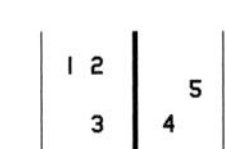

1 苏州太湖旅游度假区滨湖茶室
2 昆山龙辰大厦室内
3 苏州科技城七号研发楼
4 苏州科技城四号研发楼
5 四川绵竹文化广场

# 人生：因为感恩，所以激情

**ID** 我们来谈谈您的生活状态吧，您怎么分配生活中的“功能”与“非功能”环节？

**张** 我工作和生活不是分得很开，在家想起工作上的事情就会随手做起来，有时候抱着孩子边看电视边在孩子背上画图。有些人可能下班就不谈工作，但我没觉得有影响。我喜欢设计，哪怕没多少利润的小项目，还是很认真地去做。公司一直也没有太扩大，而且也认为建筑设计做强跟做大似乎没有什么关系，所以，花在经营上的精力相对少一点，平常应酬也不多。客户来找我们，基本是先行认同了我们的价值观，是带有预期来的，也不太需要拉关系。

**ID** 那设计之外您就没有什么别的嗜好？

**张** 说欣慰也很欣慰，说不欣慰也算不欣慰，我最大的爱好还就是画图，可能是骨子里的爱好。很多业主，甚至一些领导，因为合作项目比较多了，看我每天沉迷画图都同情得很，觉得我不会“玩”，工作太辛苦了……实际上，我最放松的时候就是周末在办公室画图，没有电话，没有会议，我特别享受那个画图的过程，完全沉浸在自己的世界里，注意力极度集中以后一口气把问题解决，那种释放的感觉，是很惬意的。

有一本书叫《游戏的人》，研究游戏在人类进化和文化发展中的重要作用，就提出世界就是游戏的。不是那些电玩、做游戏之类才叫游戏，人生也是个游戏，比如我们做设计，就是一个游戏，如果你把它当成工作，被动地去做，那你就很辛苦了。别人都在唱歌、看电影、打麻将，我怎么在这画图呢？那就麻烦了。但如果你本身也在享受这个游戏过程，工作就跟游戏、娱乐融合了。我自己的生活状态就是如此吧。

**ID** 所以您才能这样一直很有激情地工作？那么您对未来是怎么规划的？

**张** 动力也来自于我能清楚地看到我们的差距，而这个差距，我好像还有力量去一步一步地接近。我觉得我们现在的主要问题是设计的思路是有的，但设计的表达还不够清晰，而且方向还是有点散，要往回收。公司开了十年了，下一个十年我认为不是公司的规模做到多大、完成多少产值，而是希望怎么能努力地把每一个设计做得更好，把自己的方向继续稳定，不断完善，能够清晰地表达自己，那就算进步了。我也很期待其他的建筑师、设计事务都能够找到自己独特的语言体系，能把自己的语言讲清楚。世界的丰富，是靠不同的人讲的。

**ID** 我们开头谈了理想，现在的生活状态对您来说是理想的吗？

**张** 我现在对生活充满了感激，因为我能够做自己喜欢的事，基本生活肯定没问题，应该还算好的，所以我始终抱着一种感恩的心态在做事。我经历过那种消极的状态，熬过来了，发现只有积极面对，才能看到希望。幸福本身是自己认为的，不幸也是自己认为的，你觉得不幸福，可能是因为你对世界了解得太少了。我总建议年轻人多读书、多去历练、多交朋友。经历和朋友能让人增长见识，而阅读能让人代入地体验没有经历过的生活，从中丰满自己的阅历。人的一生，有生也有死，如果这么去想，生命的意义在哪里？我觉得是在于生死之间怎么样去活得灿烂，而且要把这份灿烂传递给身边的每一个人。生活真的是这样，你给它越多，它回报你的也越多。END

## 唐克扬

以自己的角度切入建筑设计和研究，他的“作品”从展览策划、博物馆空间设计直至建筑史和文学写作。

# 纽约的光与色

撰　文 | 唐克扬

在他的晚年，1944年，荷兰画家蒙德里安从战火频仍的欧洲来到纽约，并终老于此地。是纽约这座格栅城市，帮助他将早年画作中严整的阵列重组成了缤纷错综的幻视，他不费吹灰之力为这座城市绘出了自己心目中的肖像。

格栅使人们联想起二维艺术中的“画框”。在20世纪之前，绘画之中鲜见直来直去的线条——尤其是代表地平线的水平线条和代表重力的垂直线条——在形象的世界里这些直线条是不可冒犯的神明。画框本身虽然包括这些线条，但在观者的意识里，它们绝非与艺术作品本身等量齐观，就仿佛古典建筑的骨骼总是要用立面装饰遮挡，形象属于精神领域，画框则是它们与物质世界之间筑起的高墙。格栅却隐约暗示着“框外之意”。在曼哈顿，从荷兰风格派开始的现代主义建筑唤起的，是一种“赤裸裸的无可救药的物质主义”，它像水银一样遍地流淌——“改变我们观览街道的方式，远比改变我们观览绘画的方式来得重要”(居伊•德波)。

偶然性或“意图”被去除了，画布上的世界和画外的世界从此没有区别——它们服从于共同的、可以预先编排的“程序”(谁来编排随之成了一个潜在的、性命攸关的问题)。

在格栅之中没有特殊性，没有开始和结束之处，每一条直线都自动构成他者的“情境”或“文脉”。

由此，梅尔·夏皮罗评说道：只有在纽约，蒙德里安才真正捕捉到了他作品的精神，像《百老汇的摇摆舞》那样，城市就是一种无休止的重复，有限的色彩、规律的单元，这貌似枯涩的重复里，开出了熠熠的花朵。

灯光，人影，车流。

你会首先看到闪耀的金色，它们像极了第五大道上甲壳虫一般吐着废气的黄的士。其实，这城市里人们所目睹的金色大多并非真金，它们是被五星酒店大师波特曼和地产明星特朗普滥用了的廉价的黄铜，不是埃及法老图坦卡蒙的黄金；尽管如此，没有什么比黑色锻钢与金色黄铜的组合更能表现这座城市的性格了。比起上个百年的世界之都巴黎，纽约的金色并不因此掉价，可是它均匀的质地里却分明反射出一种非人的冷静，那种工业生产特有的咄咄逼人的“机器味”：看得到，却摸不着，一个不可进入的镜面。

还有另一种颜色是不易察觉的，却带来与之相反的经验。这种“颜色”就是透明。当你目不转睛地追随画中的运动而迷失了方向，最终，你会“看进去”，看到纽约特有的吊诡的“深度”——与美国其他低密度、“大农村”模样的都市，或是自然聚集成的欧洲城市相比，早期纽约建筑，也是使得它蜚声世界的那个时期的建筑的鲜明特点之一，便是它们都服从于一个整齐紧凑的“街面”，纵有自成一方天地的桀骜不驯，从外面也往往看不出里头的端倪。地皮金贵，决定了曼哈顿的街面狭窄而进深长邃，因此，争先恐后的大多数建筑，都将自己最美好的面孔展露在向街一面，无论是朝南还是西晒；为了争取最大的临街长度，就是防火通道也只留出狭长的一条，与力求向阳、通风的传统城市布局截然不同。如此一来，单体建筑间变得紧凑密织，一幢房屋的个性往往湮没在它的环境之中，整个街面构成了无比坚实的壁垒。

新纽约的立面已经不再那么密不透风。19世纪初格栅城市打下的界桩依旧是不容侵犯的，但是如今有建筑师点石成金的幻术。在夜晚的曼哈顿，光线把明亮橱窗内外的人们分开——玻璃似乎是透明的，但玻璃又不可能完全是透明的，它们所反射的幻影和承载的进深，共同构成了建筑理论家柯林·罗所津津乐道的，那种不停地互相渗透和转换着的“透明性”。这种透明性不仅是一种视觉效果，它也是一种空间调配的权宜之计。近年来颇受瞩目的纽约现代艺术博物馆新馆，便由谷口吉生操刀，用简洁的东方魔术，把西方都市的“内急”化解为无形。这位哈佛大学设计学院毕业的日本建筑师，丹下健三的学生，虽然是首次在日本以外建造如此重要的项目，却点中主题，一改纽约街区内不贯通的积弊；他不去挑战无可妥协、水泄不通的建筑边界，而是改在它的观瞻上大做文章。谷口使用高挑的格局和大面积玻璃，营造出一种四处弥漫的通达感；自入口厅始，由54街一路通透到53街，在视觉和心理上把原本界限森严的室内展馆、高墙围护的雕塑花园，以及不可望亦不可及的两条东西大街连为一气。

柯林·罗特意强调，这种“透明性”不是字面上的透明，换句话说，并不总是玻璃才能透明，透明反映的其实是种错综复杂的社会运动、肉体官感和心理感受之间吊诡的关系，有些地方可达而不可见，有些地方，却可见但不可达……你也可以如此理解：当身和心，心和眼分离之际，没有什么再是人的经验不可穿透的了……

早在1906年，在纽约的俄国人阿列克赛·马克西莫维奇·彼什科夫——他的另外一个名字叫做高尔基——却看到了“滥汜的光线”带来的悖谬，“这座城市，乍看起来充满魅力……但在这座城市中，人们看到囚禁在玻璃监狱里的光线时，他终将会理解，此处的光线，如同其他所有东西一样，是使人无地自由的。它们服务于金钱，它们为了金钱而对人充满敌意冷漠”。

在20世纪初世界革命的前夕，“镀金时代”的金黄映照的是无助的、营养不良的面孔。今天，苹果公司所开启的新时代，则俘获了“普通人”全部的灵与肉——像“苹果店”在Soho和第五大道的卖场一样，人们到达这个时代，需要上下一道完全是玻璃制的楼梯。它半冷半热，似有还无，不古也不今，不再是单纯的“反光”或“透明”可以概括了，在此，也许“不见”才是最好的呈现。它们就像中城的威廉姆斯夫妇设计的纽约民间艺术美术馆那样，有着烈火锻造出来的陶瓷般的表面，在这里面有着一种使人沉醉的视觉混融，九曲回转却导向无处，这些表面像一个深不见底的“所见”和“所知”相脱离的“表现的深渊”。

“所见”和“所知”在纽约的龃龉也由来已久。曼哈顿的格栅本浮现在形象的渊薮之前。让旧大陆的来访者一遍遍赞美的依然是平面上的抽象，而非实在的感性：瞧，那“完美的规则性”！可在“规划的城市”所带来的自由里，一种新的不带前见的可能性，已经隐隐地溢出了传统城市发展依赖的物理“邻里”。冷不丁瞅一眼高空的曼哈顿，它规整的地盘划分就像一架巨大的摇奖机，鳞次栉比的，从这些规整的地盘上拔起的高楼大厦，宛如摇奖机里飞舞出的巨额彩票，代表了垂直方向上的万千种可能性……

那些纽约之前的传统城市，大多逃不开经济企业、社会权威和政治力量的三重主宰，经济企业代表着物质在空间中调配运动的状况，社会权威蕴涵着这种运动的根本原因，政治力量把它们在现实空间中合而为一；在传统的城市中，要么是这三者通过宗教仪式和公共空间系为一体，要么就是政治威权使它们脱节互不相属。无论如何，两种情形都造就了鲜明而独特的空间经验，这种经验，在传统的社会里由眼睛直接送抵每一个人的心灵：堂皇的资产阶级民主秩序的透视广场，诡谲的重重门锁的东方专制社会的高墙……在纽约，却是庞大却柔软、流动的垄断资本组织，使得可畏的“体制化”成了一种看不见——或者，被错视了——的可能。

别看曼哈顿的天际线咄咄逼人，靠金钱多寡建立起的权威并不一定历历在目——在历史上，我们常常有种习惯性的错觉，似乎一座城市的全部都归结为那些高耸的塔尖，那些“冒尖”的伟大人物才是历史的书写者；然而，在纽约，这些不过是一层表象，那些构成看似绵延不绝的天际线的建筑，在平面上却是彼此脱系的。伟大的功业后面无不是集体资源的调动。新时代肯定了这种集体资源的巨大潜力，并给予它不同的呈现方式，尽管书写历史的控制权依然还操在少数人的手里，透过数字游戏和机械元件的表征，已不同于往昔那些石块垒就的坚实庙宇，而归结于使人误导的虚幻的影像。

这个渐渐臻于极致的时代的最佳象征，就是收音机和留声机。爵士时代的穷人每天都守着CBS的广播节目，诸如Atwater Kent品牌的收音

MODEL 376-K6—Six Tube A.C. Console—three tuning ranges which cover the American broadcast band—all police—many 'amateur'—aeroplane and maritime wave lengths—and foreign short wave — aeroplane type illuminated dial — tone control — two speed tuning—11 inch dynamic speaker—automatic volume control.

**Complete with tubes . . . . . . $69.90**

F.O.B. Factory

机，同时也是风行一时的大件“家具”，它们徘徊于新旧之间的形象既向传统靠拢，也富有不可捉摸的魔力，曾经吸引无数无知的孩子，仿佛那些美妙的音乐都是从这闪亮的小灯泡里面蒸腾而出的。无论如何，把电子产品打扮成巴洛克家什的伪饰，如同公园大道旁新古典主义的精美立面，都不过是面幕之一层罢了。纽约真正的威力在于“风格”以外的地方，在于那些没有生命的微电流在半导体元件间的枯燥往复，只需要一种整体的调控能力，便可以使它们精确地落入同一个系统——“程序”——之中，可以产生万千繁复的，却是和微电流不相干的“形象”。

在纽约港升腾起烟雾的清晨，总有一线光亮南北贯通穿过华尔街，若隐若现，这光亮投射在那象征股市大发的铜牛被摸得锃明的脊背上，像是在向这传统递去一种古代仪式里的敬意，这光亮也迅疾地掠过每张含有倦意的脸。薄暮的时候，这线光亮逗留在无线电音乐城的天台，使人想起和蒙德里安名作联系在一起的纽约的黄金时代，霓虹灯，对了，只有霓虹灯而不是任何有形的物色，才真正是这个城市崛起的象征。

看不见的电波在纽约上空飞舞，在它上场时物理的世界就自动落幕。在纽约，“空间”已经随着那点稍纵即逝的光亮而消融。END

# 凡尘里的现代性

撰　文 ┃ 谭峥

## 谭峥

建筑师，城市学研究者。城市全景网站（URBANRAMA）创始人之一。

加利福尼亚大学洛杉矶分校建筑与城市设计博士研究生，主要研究西方现当代城市形态史与先锋建筑思想史。

1916 年的纽约，在纽约旅行的 29 岁的乔治娅·欧姬芙（Georgia O'keeffe）踏入了一间名为 291 的画廊，她略有吃惊地发现自己的十余幅炭笔画与水彩作品赫然挂在画廊的墙上。她随即向画廊的主人表达她的不满，并表示自己就是这些画作的作者，而这个展览从未获得她的准许。欧姬芙对此画廊主人的愠怒掩盖不了她事实上的兴奋，因为画廊的主人是当时纽约著名的摄影家兼艺术策展人阿尔弗瑞德·斯德格勒兹（Alfred Stieglitz）。实际上，她对此早有所料。就在一年前，她在人生的低潮期将自己的画作随信件寄送给了自己的密友阿妮达，她已经得知阿妮达会将这些画作呈递给斯德格勒兹，并且后者已经决定要将这些画作展出，只是欧姬芙从未想到展览会举办得如此之迅速。斯德格勒兹曾经将当时并不为美国人所知的欧洲画家毕加索及马蒂斯的作品介绍给纽约的艺术鉴赏圈，能够获得斯德格勒兹的青睐就等于叩开了美国国家级乃至世界级艺术殿堂的大门。欧姬芙在兴奋中回到德克萨斯，在一段时间的鸿雁传书之后，斯德格勒兹向当时还在担任西德克萨斯师范学院艺术系主任的欧姬芙发出邀请，希望她将绘画事业的基地转移到纽约，欧姬芙欣然应允。1918 年，欧姬芙搬到了纽约，并很快成为斯德格勒兹的婚外情人，那一年，她 31 岁，而他已经 54 岁。

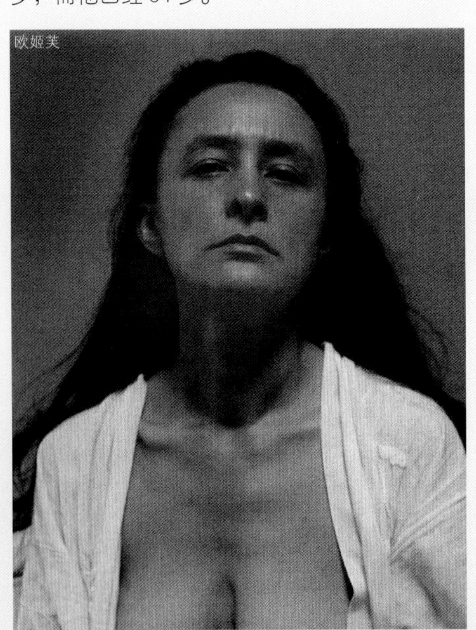

欧姬芙

1918 年的纽约，新的规划条例才于两年前刚刚颁布。位于 42 街的大中央车站才投入运营。公园大道还是一条悬浮在巨大的火车站场区之上的充斥着煤烟味的城市边缘道路，在公园大道两边的，不是今天的富丽堂皇的高层旅馆与办公楼，而是零星的三四层的褐石公寓。火车整日在公园大道下隆隆驶过。公园大道在 59 街之后就伸入了当时还未曾城市化的纽约东区。在一战以后，纽约代替巴黎成为世界都市，这个城市每天都疲于应付自己不停在增长的高度与体量，以及与此相应的喧嚣与拥挤。对于出生于威斯康辛乡村，之后又大多工作在小城镇与乡野的欧姬芙来说，这一切都显得陌生而新鲜。这个突兀的、坚硬的、终日弥漫烟尘的城市与她所秉持的细腻的女性画家特质显得格格不入，然而这种格格不入仅仅是世人的揣测而已，在若干年以后，这位画家用事实证明她所感动的是整个凡俗的日常世界，而非仅仅是想当然的与女性特质所联系的花卉与静物。

斯德哥勒兹不遗余力地为欧姬芙组织画展，甚至还在自己的家中为欧姬芙拍摄裸体照并展出，他丝毫不顾忌妻子艾米的感受，甚至这一切本来就是他精心策划好的。就在欧姬芙搬到纽约后不久，她与斯德哥勒兹的地下情就被艾米撞见。在这段婚姻的震荡期，斯德哥勒兹连续数年带欧姬芙回到自己在纽约乔治湖的乡村小屋同自己的母亲相见。在六年之后，斯德哥勒兹如愿以偿同艾米离婚，并立即与欧姬芙举行了简单的婚礼，同年，他们搬入位于纽约中城的谢尔顿旅馆的第 30 层。从这间公寓的窗户望出去，就是刚刚落成的美国标准大楼（American Radiator Building，后易名为 American Standard Building）。在这里，欧姬芙度过了人生最高产也是最辉煌的五年。从未到过中国的欧姬芙突然对当时对欧美艺术圈产生巨大影响的宋代艺术理论家郭熙的《林泉高致》产生了兴趣，此书中她最欣赏的就是郭熙对事物尺度与画面远近的独到观察："木之所以比夫人者，先自其叶，而人之所以比大木者，先自其头。"欧姬芙突然发现了一个具有或大或小无限尺度的日常世界，而她所钟爱的花卉，其实就是这种非常视角的某一种表达而已。欧姬芙随即创作了八幅以水芋花为主题的画作，这些画中的水芋花花芯有着类似女性阴道般的形态，撑满整个画布的花芯中还伸出长长的花蕊。这种形象立刻引起了好奇的纽约艺术圈的无限遐想。他们试图用弗洛伊德的心理学理论来猜想欧姬芙创作这些花芯的动机并试图对画作做出符号化的解读，但是欧姬芙对此极为厌烦，她极其反对用女性联想来解读她的画作，她不想成为纽约的庸俗鉴赏家们消费的对象。自 1925 年开始，利用她居住在 30 层公寓的优势，欧姬芙创作了九幅以城市本身的物质形象为主题的画作。在绘制这些画作时，斯德哥勒兹与其他的艺术鉴赏家友人对她的此类创作并不看好，在他们的眼里，城市是一种毫无美感的、昏暗粗糙的、机器般的人工造物，他们认为欧姬芙只有在自然界的

斯德哥勒兹

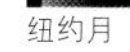

新墨西哥的黑色台地景观

纽约月

牛头骨与假花

事物中才能获取灵感。但是历史最终证明他们对欧姬芙的解读是错误的。欧姬芙关注的并非那些柔软的，甚至引发性联想的静物，触动她的是世界的物质性本身，并且她从未愿意让画作所表达的精神超越这种在流转中保持恒常的物质性。

欧姬芙的第一幅关于城市的作品名为《纽约月》( New York with Moon, 1925 )，这幅作品中，欧姬芙描绘了由四座纽约高楼所围合成的逼仄的城市空间，这种在纽约如此司空见惯的日常空间却被欧姬芙以郭熙所提及的“虫视”的方式得以关照。不同于休・菲利斯 ( Hugh Ferriss ) 等专业建筑插画师的作品，欧姬芙的作品并不重视透视的精确与建筑对象的尺度细节的传神描绘，她只是借这些平凡如沙尘的日常事物表达自己未经雕琢的环境体验。这四栋纽约的大楼几乎没有任何的细节，这不是欧姬芙的关注重点。在昏黄的单盏灯光与若隐若现的月光下，建筑简化为压倒性的几何体量，而夸张的檐部线脚出挑，强化了这个类似十字路口空间的封闭性。欧姬芙以其女性的敏锐，捕捉到了当时尚流行的建筑轮廓特征，而这个特征是 1916 年纽约规划条例出台之前的通行做法。在 1916 年之后，纽约的建筑群像发生了质的变化，逐层退台的高层建筑大量出现，这种变化也随即被欧姬芙所捕捉到。

欧姬芙在 1926 年创作了两幅以自己所居住的谢尔顿旅馆为形象的画作，在这两幅画中开始关注建筑的形象本身以及这个形象与城市光影的互动，而不仅仅是它们压迫性的体量所形成的体验。两幅画均以建筑本身为中心，如她的花卉作品一般，建筑撑满了图面，仅留下少部分的天空。重复的阵列窗户，不断向上探出的建筑顶部，以及抛光表面反射阳光所形成的眩目的、巨大的光晕，都是当时不断变化的都市景观所形成的全新体验。我们可以想象敏锐的欧姬芙在这种体验中的好奇与兴奋。随后在 1927 年与 1929 年，欧姬芙开始更细致地描绘从 30 楼望出去的纽约街景。在这两幅作品中，建筑物不再是单纯受光的物体，而是发光的、隐退在如嶙峋岩石巨阵般的城市中的生命体，建筑物透出的灯光让体量隐遁。阵列的窗户、延伸到远方的大路上的车阵、耀眼的路灯光等等发光体成为画面的焦点，并引导观赏者的视线。城市成为具有感知性的物体的群像。

自 1916 年到 1929 年，纽约形成了自己独特的建筑语言，同时它的建筑师与乌托邦规划师开始将这种建筑语言幻化为一种形象自觉。自此纽约就如同巴黎一般，成为想象与现实的混合体。纽约所形成的大都会城市形态甚至成为了当时如日中天的美国的明信片。同休・菲利斯与柯贝 ( Harvey Corbett ) 等狂热的城市形象推动者不同，作为一个画家而非都市主义者，欧姬芙仅仅是用其敏锐的感受力捕捉到了这个城市所发生的悄然变化。她从未也绝不会将这种都会文明神化为一种永恒精神存在，她只是这个城市的过客与旁观者。

在 1929 年，由于发现了斯德哥勒兹的新婚外恋情，欧姬芙决定离开纽约，她的关于都市形象的绘画创作也随之停止。欧姬芙回到了她魂牵梦绕的美国西南部，这次是新墨西哥州的小城陶斯。她要远离纽约的庸俗与自恋以及对她的粗暴的、消遣式的解读。离开纽约的欧姬芙重归平静的生活，在她的四处远足中发现了散落在荒野中的牛羊头骨，她开始收集这些头骨，并将它们作为新的绘画主题。动物的头骨表达了某种凡俗性 ( mortality )。头骨是曾经存在的生命的遗存，欧姬芙常常将牛羊头骨与假花并置在一起。生命与非生命，粗糙与媚俗，真实的朽坏与虚假的永恒都在同一画布出现。这一对对冲突的特质流露了欧姬芙的真正的艺术观。她是在抗拒附庸风雅、自以为是的纽约；她要让那些从未踏足哈德孙河以西的纽约人认知真正的美国性。

1946 年，斯德哥勒兹去世。在最后的时光欧姬芙还是回到了他身边，陪伴他走过最后的岁月。同年欧姬芙在纽约现代艺术馆进行了一次个人展出。在 1950 年代之后，由于迅速恶化的视力状况，欧姬芙已经不能亲自作画，她只能让助手执笔。她开始从人们的视线中渐渐淡去。那些庸俗的鉴赏家们已经开始淡忘她。直到 1970 年代，她的故事与作品被重新发现，但是此时她已经是一个耄耋老人，她几乎什么都看不见了，但是为了满足大众的好奇心与欣赏习惯，她必须假装自己依然能够作画。直到最后，欧姬芙也无法躲避消费时代的大众的消遣。她在误解中走完了漫长的人生。事实上，在观赏者在她的牛头骨画前驻足的那一刻，并不会感受到任何神谕般的超验体验。欧姬芙的所有灵感都来自于物件本身。美国的西部景观与假花、牛头骨阴差阳错地如同拼贴般放置在同一副画面中，这种无关性真切地表达了美国空间的本质。整个美国现代文明如同飞来石一般被放置在荒原中，也必然会像牛头骨一样在这个荒原中朽坏。当然，欧姬芙永远不曾将自己的绘画动机概念化，她的被戏剧化的绝代风华与美国的都会文明史中最辉煌的一页轻轻碰撞后，就隐匿在新墨西哥州的群山与沙砾之下了。而她在无意中作出的现代性探问，依然在叩响那些苍白的牛头骨。END

# 搜神记：路易斯·康

撰　文 | 俞挺

## 俞挺

上海人，双子座。

喜欢思考，读书，写作，艺术，命理，美食，美女。

热力学第二定律的信奉者，用互文性眼界观察世界者，传统文化的拥趸者。

是个知行合一的建筑师，教授级高工，博士。

座右铭：君子不器。

十几年前的某天，我正因为提早两周完成会议中心课程设计而无所事事时，我的好友陈曦突然冲进寝室，拿着一本书大声嚷道“你听着这句话，‘我对砖说：你喜欢什么？砖说：喜欢拱！’”。我翻身下床夺过他的书，是《路易斯·康》。

鲁 Lou（路易斯·康的昵称）看到别人模仿自己的设计就生气。可能让鲁更生气的是，他 1952 年未建成的“city tower”的设计被许多人认为是安·廷的发明。

鲁自称出生在爱沙尼亚的 Ösel 岛（Saaremaa），但事实上他出生在爱沙尼亚的 Pärnu。

鲁的姓也不真实。1904 年，他的父亲移民美国，1906 年举家移民。在最初的 20 年中搬了 17 次，但都在贫民窟中迁移。当时美国的反犹主义正盛，所以鲁的父亲在 1912 年将家族“Schmuilowsky”改成听上去像德国姓的“Kahn”。

鲁说他设计的 Phillips Exeter Academy Library 学习的是苏格兰的建筑。这要追溯到 1928 年，鲁在北欧和意大利游览，并在巴黎拜访了 Norman Rice。但没有证据显示他当时对 Rice 的老板柯布西耶的工作表现出兴趣。他当时喜欢的是苏格兰和法国的城堡。

鲁还是在大萧条期间研究过柯布西耶。1931 年，鲁组织了一批失业建筑师成立“建筑研究小组”。一同研究因为工业化带来的规划、住宅的新问题。他们参考的理论就是柯布西耶的《辉煌城市》。

鲁说：“突破说，我喜欢有知识的人，你唯一能做的就是学会怎样去突破。”1950 年，鲁再次去了欧洲，在希腊、意大利和埃及的遗迹上，他发现了自己，当度过毫无成就的早年职业生涯而迟迟到 50 岁的时候，他“突破”了。

鲁说：“没有最好的答案，只有更好的答案。”对鲁的雇员而言，周末总是令他们不安的。鲁总是趁周末钻到事务所里修改方案，结果项目负责人周一总在图板上发现一张全新的草图。他必须赶紧看懂它，赶紧画出来，以备鲁不时过问。这种不间断的修改，于人而言，简直是噩梦。

鲁说：“我们充满爱意去工作，就像对待爱情的态度一样，这是男人的责任，是积极的态度，是对待艺术的态度，是真理。”鲁显然是工作狂，他在办公室有小床，他忙的时候甚至在办公室洗衣服，他强迫自己每周工作 80 小时以上。结果他的雇员们往往也被迫每周工作 80 小时以上。不过鲁的事务所还是吸引了不少人，其中有后来的普利兹克奖获得者皮亚诺（Renzo Piano）和后现代主义大师斯特恩（Robert A. M. Stern）。

鲁相信建筑可以扮演让人类更完美的角色。所以“for Lou, every building was a temple. Salk was a temple for science. Dhaka was a temple for government. Exeter was a temple for learning.”

鲁虽然是犹太人，但他不是虔诚的信徒（犹太教是一神教）。

鲁三岁的一次意外，让他因为烧伤而在脸上留下了终身疤痕，父亲认为这还不如死了好，而母亲则乐观地认为大难不死的鲁日后必将成为伟大的人。

鲁不太在意自己的外表（他也无法刻意修饰），这个矮个子有一把发红的白头发，他穿着发皱的衬衫和黑西装，喜欢打领结，但总是松松垮垮的，袖子磨得油亮，不干净的手上总有些碳粉，他爱虚张声势地叼着小雪茄，总是发出不适当的声音。在镜头前，他，步幅夸张，肩上搭着大衣，显得很不自然。但这只是外表，鲁走进教室，用迟钝的目光盯住学生，开头就讲“光线……就是”然后就是一个看来有七天长、足够创世纪的停顿。这时，他那平凡的外表让他在这个时刻更为引人注目。这个人幻想的激情无法令人抗拒。所有人都不在话下。

鲁一次看到女儿（他和 Esther 的）用口红，大为生气，因为他觉得这时女儿太小了。他女儿在相当时间内认为鲁是个一本正经的古板的父亲。表面上，鲁和 Esther 生活了 44 年。但他有三个家庭，其他两个是他与安·廷（Anne Tyng）和 Harriet Pattison 组建的。

鲁的员工对鲁不断在聚会上勾引女士已经习以为常。一个长期在鲁事务所工作的员工对老板在私生活问题上的评价毫不客气：“这个相貌平庸的小个犹太人，勾引女人只是为了证明:可能（我）一般，但（事实上）我还行（指勾引女孩）。”

鲁在信中说:“亲爱的安，我做梦都想念你，我守着办公室电话，心想你不会离开太久。”安在 1953 年离开了鲁，知道他不会放弃自己的婚姻，她从此未回到鲁的身边。鲁的夫人没有让她和她与鲁的女儿出席鲁的葬礼。之前，热恋中的安有时会打电话到鲁的办公室，鲁会关照秘书告诉安他不在办公室。

鲁在 1959 年和另外一个女助手 Harriet Pattison 建立了秘密家庭。这个窝距 Esther 的家只有几英里。直到鲁死去，这两个女人都不知道相互住得如此之近。鲁经常在晚上和周末去看 Pattison 和儿子 Nathaniel（他拍摄了奥斯卡最佳纪录片提名 My Architect）。Pattison 迄今坚信如果不是鲁的突然去世，鲁是会娶自己的；但 Nathaniel 在完成纪录片的时候，明白了这是不可能的，Esther 的家才是鲁的港湾。

鲁爱艾塔（鲁的高中同学），但艾塔爱别人。同样，鲁吸引不了自高中就是男人梦中偶像的杰奎琳·肯尼迪。“可怜的路易斯·康是他那个时代具有远见卓识的建筑师之一。他有话要说，却无法表达。他满脸疤痕地站在观众面前，嘴里咕哝着神秘难懂的字眼。他不是那种轻而易举就能得到别人爱戴的人。”

鲁和一个重要的中国人有关系。杨廷宝和路易斯·康是宾夕法尼亚大学建筑系的同窗，在宾大的档案馆里至今还保存着一张剪报，记载两人同获设计提名的光荣历史。

鲁让业主摸不着头脑的言谈措辞，却很受学生的欢迎。“建筑学，这是个神秘世界，它等待人类去认识，等待我们去认识。”学生们崇拜他。

鲁又说“每一座房屋都应当有——它自己的灵魂。”学生们膜拜他。

鲁的近视眼也很著名，他评图时，拿着学生的图纸靠在距他脸三英寸的地方，像扫描仪那样扫视着图纸。学生们依然爱戴他。

他的学徒中有著名的罗伯特·文丘里和塞弗迪（Moshe Safdie,著名建筑师，蒙特利尔世博会 Habitat 67 的设计师）。

鲁在耶鲁大学艺术馆的扩建工程是他的第一个重要工程。这个建筑吓坏了耶鲁的行政人员，他们嘟嘟哝哝地非议道，这不是美术馆，是减价商店，和老建筑无关。鲁被激怒了，大声说道：“和老建筑无关？这是什么意思？你们不懂吗？你们没看见吗？你们没看见那横线吗？他们表现了老建筑的楼板线。它们表达了结构。二十五年来，那些楼板被藏在墙后面了，完全藏起来了。现在它们就要表现出来了，整个建筑就要表现出来了，诚实的形式——美！”鲁胜利了。

鲁说：“愿望的重要性无可伦比地远甚于需求。”在设计理查德医学研究大楼时，面对空调管道要从建筑物一边引到另一边的问题，机电工程师的选择是沿着对角线通过去，而鲁说：“不，如果人按照哪种路线走过去，那么楼板下的空调管道也应该按照这一路线通过去，即使你看不见亦应该如此。”这是昂贵的美学逻辑，但是他坚持这么做了。理查德医学研究大楼被称为新功能主义的最佳成果，但事实上在内工作的人客气地抱怨朝向和过大的玻璃窗。“那些砖砌的塔楼仅仅是装饰，非常强烈，非常美观。康是个十足的造假者。”菲利普·约翰逊则在 1972 年阴测测地评论道。而“other modernism”，却是鲁在宾州大学对这个研究大楼做总结时的自我宣言。

鲁可以吓唬住耶鲁的行政人员，但吓不住费城的官员。历史学家斯加利说“和这样了不起的人交朋友是件多么美妙的事。”而费城的规划局长培根（Edmund Norwood Bacon）则持相反的观点，“把鲁引入设计团队，是灾难。”培根希望鲁一起合作规划费城市中心重建，培根觉得规划最重要的是和公众沟通，听取公众的意见；但鲁似乎只关心“个人精神凌驾于公众利益之上的设计实践。”培根和鲁的关系最终破裂，否决鲁的规划。鲁坚持道“这是最有效的规划，虽然最昂贵。”

鲁的儿子在采访时试图为父亲的规划再挽回点什么，“把车子限制在城外，城内全是步行区”难道这不是个好主意？Carter Wiseman 认为鲁没有受过城市规划的训练，所以他的规划都是不切实际的，尽管他热爱费城喧闹的街头生活，但他保留这个文化的态度是柯布西耶式样的激进。Nathaniel 拍纪录片的时候还能轻易找到鲁在烟草店上的事务所旧址，这是因为费城在培根的坚持下保持了下来。

鲁的事务所里穿着随便的助手们正在陈旧的家具和廉价分隔墙之间工作，建筑师们的工作空间，与报社编辑部休息和午餐用的房子相互挨着，中间隔以脆弱的纤维板。由此，可以俯瞰几台繁忙喧闹的活字排版机。相邻的，还有一间巨大的公用厕所。编辑们、工人们的各种笑谈和新闻，透过板壁飞入绘图人员的耳中。白天有北侧、西侧的窗户为事务所照明，夜间则是吊在绘图桌上方里白外绿的伞形灯罩下刺目的灯泡。鲁的事务所原址是鲁的原雇员正在运行的一家新的事务所。但似乎鲁的幽灵仍在，“来啊，再干上一两个小时”。

鲁喜欢扮演圣诞老人，但他的私生子 Nathaniel Kahn 直到拍纪录片才知道他父亲这个喜好。他的前助手说：“他是个值得尊敬和崇拜的人，就算有些小错也应该原谅他。”

鲁毫不犹豫地赶到达卡接受议会中心的任务，相比借口事务繁忙无法成行的柯布西耶和阿尔托，这让孟加拉人感动不已。

鲁之所以能够被陌生的新兴南亚国家注意到，完全是因为他的学生 Muzharul Islam（孟加拉现代建筑之父）的大力引荐。奇怪的是，如此重要的人在 Nathaniel 的纪录片中仅仅一晃而过，就连注释都没有。

着手写文章的时间是 2011 年 3 月 17 日，突然发现这是鲁逝世 37 年纪念日。普利兹克建筑评论奖获得者 Paul Goldberger，在纽约时报头版为鲁撰写了讣告：“美国最重要的建筑师，路易斯·康，那个用砖和混凝土影响了一代建筑师并也成就自己的人，因为心脏病猝发，于周日晚上死于纽约的宾夕法尼亚州火车站，时年 73 岁。”

鲁的死亡在事实上更糟糕，1974 年 3 月 17 日，鲁是死于纽约的宾夕法尼亚州火车站的男厕所。由于在护照上划去了地址，两天以后，尸体才被认领，那天他刚从达卡回国。达卡议会中心在他死后才建成，经历了 23 年，无数人手抬肩扛，鲜血和生命才铸就这个国家象征。

鲁不是神，孟加拉人认为“他也是人，不能顾及到所有人，包括他的家庭，但这不影响他成为一个伟大的人。”

“路易斯·康的声誉跨越了两个时代”，这是日本建筑师香山寿夫评价。鲁变成了后现代主义的启蒙大师，这和文丘里分不开。但鲁其实还是现代主义大师，鲁丰富了现代主义的表现形式，他的确从历史中获取灵感，但他是萃取历史中不朽的信息并重新解释。文丘里则歪曲历史，两人差别极大。

鲁说“要当真正的建筑师，而不是一个职业性的建筑师。职业性会将你埋葬，你就变得平庸。”早年他业务没有起色的时候，靠他夫人在医院的工作才能维持家庭的开销，而当鲁死的时候，他的公司已经破产了。但鲁说“……创造，正是源于逆境”。这句话打动了安藤忠雄。END

# 中国(上海)国际时尚家居用品展览会

## INTERIOR LIFESTYLE CHINA 2012

资料提供 | 法兰克福展览有限公司

中国(上海)国际时尚家居用品展览会(Interior Lifestyle China，简称上海时尚家居展)创立于2007年，是全球最大的日用品展会法兰克福国际春季消费品展览会Ambiente在中国的延续，也是日本最顶尖的时尚家居展Interior Lifestyle Tokyo在中国的姐妹展。

2012年，享誉全行业的“精品餐厨”展区将迎来众多重量级品牌：德国WMF、米技、巴西TRAMONTINA将再次携新品亮相展会，来自丹麦的高科技厨房品牌Scanpan将首次登陆中国市场。此外，本届展会更将汇聚诸多一流陶瓷精品一展风采，包括来自德国的卢臣泰(Rosenthal)、日本的Narumi，IC大福也将率旗下KPM、Richard Ginori 1735、L'OBJET等一众奢华桌面用品隆重登场。

每一个精美的展品背后往往都会有一个动人的品牌故事。以卢臣泰为例，它的故事发端于一个小小的烟灰缸——燃烧着的雪茄的休憩之地。这个精心描画的烟灰缸是这家成立于1879年的瓷器制造商卢臣泰公司第一个大获成功的产品。从这以后的133年间，卢臣泰都在为消费者讲述着这样一个有关奢华、时髦生活的故事。

TRAMONTINA也是一则传奇。1911年，Valentin Tramontina，一个来自意大利的男人，这个梦想给人们带来有品味的幸福生活的铁匠，在巴西的北里约格朗德创办了铁制品公司，致力于提升人们的生活品质。一百年来，TRAMONTINA以它独有的魅力征服了无数人，在美国、加拿大地区，无论是在贵族世家，还是寻常百姓；无论是在高级酒店，还是在普通餐馆，都可以看见TRAMONTINA的身影。“没有它，生活则不可想象”，TRAMONTINA已经进入到人们生活的每一个角落。

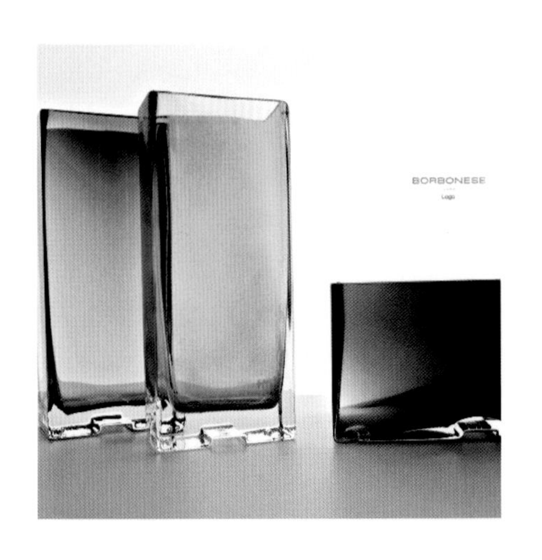


同样在本年度，展会将首次推出“美好商店Ideal Shop”及“时髦礼物Chic Gift”两大风格展区，届时必将引爆国内生活用品零售批发行业热点，打造行业发展新气象。END

# Foster + Partners: 建筑之艺术

## FOSTER + PARTNERS: THE ART OF ARCHITECTURE

撰　文 | Vivian Xu
资料提供 | Foster + Partners事务所

“Foster + Partners：建筑之艺术”展览于2012年7月25日~8月25日期间在上海油画雕塑院美术馆展出。此次展览是第一次把Foster事务所历年的主要作品带到中国。展示了多个目前正在中国进行的项目的细节，包括杭州中信银行总部大楼、位于南京的一幢新大厦，以及位于上海的万通房产开发项目。同时也有机会一睹已完成的高端项目的初始模型和草稿，例如北京国际机场、法国米洛高架桥、纽约赫斯特大厦和位于伦敦的瑞士再保险公司总部。

既定展览主题涵盖基础设施、可持续发展、超高层建筑、城市规划、历史以及文化，展出的内容突出了事务所作品类型的多样性，体现了Foster在中国的项目日趋增长。同时也阐明了过去四十年以来事务所建筑作品的变化。

作品以时间轴的形式展现自1967年事务所成立以来，在20个国家完成的227个项目，使参观者可以直观深入地了解事务所的工作。为展览特别创作的展品探究了从初次业主会议到项目完成，直至投入使用后的研究的整个设计过程。

在展览期间，展览方分别于8月4日和18日下午2点特别为观众带来两场影片放映——《您的建筑重几何，福斯特先生》(How Much Does Your Building Weigh, Mr Foster)。这部电影追溯了世界建筑师领军人物之一——诺曼·福斯特勋爵的成长以及他不断通过设计来改善生活质量的探索之路。

同时“Foster+Partners：建筑之艺术”展览亦是为庆贺Foster事务所上海办公室的成立，其上海办公室位于中山南路的久事大厦，该大厦是由Foster事务所设计，也是第一幢在中国已完成的由英国建筑公司设计的项目。END

## AS 当代建筑理论论坛第三届国际研讨会

2012 年 9 月 12 日及 9 月 15 日 ~16 日，AS 当代建筑理论论坛第三届国际研讨会分别在上海现代建筑设计集团和东南大学召开。本届论坛关注“历史”在建筑教育和职业训练中的批判性与实践性角色。这一议题的提出源自当今建筑教育中，建筑的历史与当前设计问题相脱离的状况，以及建筑教育所面对的问题：如何使建筑的过去——曾经发生的讨论、实践以及形成的知识，与建筑教学中当下所面临的问题相关，并使之起到创造性的作用。俞挺、顾大庆、张永和、李华、朱剑飞、Mark Cousins、Taku Sakaushi 等演讲嘉宾分别围绕濒死的建筑学、作为问题的历史、作为设计的历史、作为写作的历史、作为中国的历史等主题进行了演讲和讨论。

AS 当代建筑理论论坛是由上海现代建筑设计集团、东南大学、英国建筑联盟学院（AA）联合主办的一个长期的研究项目，旨在搭建国际共同合作的当代建筑理论研究平台，同时也是中国建筑界与国际建筑界交流互动的平台。为此，论坛以一系列理论议题的研讨为主要形式，以当代建筑理论中一些重要文本为讨论的起点，展开有关建筑问题和中国问题的讨论。

## 飞利浦照明参展 Architect@Work 建筑纪元

2012 年 9 月 16 日 ~17 日，飞利浦照明在上海世博中心参展 Architect@Work 建筑纪元。飞利浦照明以“光，创建无限潜能”为主题，以创意办公空间为概念，将 $100m^2$ 的展台分为两个功能区：茶风暴（coffee area）和智囊团会议室（Smart meeting room）。此次展出，飞利浦照明在不同时间和不同功能区提供的不同照度、显色度、亮度的照明，呈现出一种和自然更加贴近的动态，满足人的生理和心理变换，让人更健康地工作。茶风暴提供四种不同的照明方案，包括日常模式、休息模式、欢乐时光和魔法时光；智囊团会议室亦提供欢迎模式和投影模式，同时在早晨、中午、下午和下班时间各有不同的照明方案。整个过程都可通过 Iphone 和 IPad 简单操作得以实现。

飞利浦照明（中国）设计总监姚梦明还在展会论坛中作主题演讲，他认为，未来照明更多的会是“我的灯光”，照明会随着工作习惯的改变而变换，应是照明空间去适应我们，而非我们去适应照明空间；他还认为，未来的照明将和自然结合得更加紧密，将呈现出不同的风格和特色。

## 美国绿色建筑委员会正式加盟建筑纪元世界设计师创新展上海站

美国绿色建筑委员会（简称 USGBC）近日正式宣布加盟建筑纪元。USGBC 国际营运部副总裁 Jennivine Kwan 女士出席同期举行的国际论坛并发表题为“LEED 认证对中国市场的影响力”的主题演讲。建筑纪元这个独特的活动于 2012 年 9 月 6 日至 7 日在获得 LEED 金牌认证的上海世博中心举行。

“上海作为拥有将近 500 个 LEED 认证建筑项目的中国城市，拥有未来广泛的市场潜力和对于更健康、更高效应的建筑的诉求。”Jennivine Kwan 女士对建筑纪元主办方说到，“建筑纪元不仅提供给建筑业专业人士互通理念、接受高品质培训的机会，同时也能为建筑师、工程师等专业人士提供再教育课程。”

建筑纪元中国区总裁 Thomas Baert 说到：“建筑纪元这一革命性的概念对于中国市场是全新的。通过评审委员会的审核，保证所有展商都是各自产品行业中最顶尖和最高质量的企业。”LEED 认证发展迅速，据统计有将近 40% 希望通过 LEED 认证体系的建筑项目来自于美国以外地区。

## “Talents 设计新星”二度亮相时尚家居展

2012 年 10 月 10 日至 13 日，法兰克福春季消费品博览会（Ambiente）的“设计新星（Talents）”项目将第二次在中国（上海）国际时尚家居用品展览会（Interior Lifestyle China，简称上海时尚家居展）上与观众见面。法兰克福展览公司多年来致力于扶持年轻设计师，在本届上海时尚家居展中，将有 13 位来自中国、欧洲及日本的青年设计师齐聚 Talents 单元，向参观者展示他们极具个性的设计理念以及独特创新的家居用品。

章俊杰、周宸宸、冉祥飞、张飞、蓝天、马军亮、厉致谦是在不同领域极具代表性的本土年轻设计师，他们选择将传统手工艺作为设计中的突破点。这些略带实验性质的作品或许仅是初现雏形，但从形成理念到发展出一套完整的作品规划，类似的设计实践却是当前年轻设计师群体中较为缺乏的部分。借此，本届上海时尚家居展也把传统与设计的话题再度摆在人们面前。

除了本土设计师之外，展会方还邀请了 6 位分别来自欧洲和日本的新锐设计师：Aliki Stroumpouli，Kai Linke，Maria Volokhova，Nicole Bauer，Dan-Item，SOL。作为来自异国文化的一股强劲的设计新势力，相信他们会为本土设计圈带来一场不同凡响的创新设计风暴。

## 第四届新浪乐居·里斯戴尔杯全国室内墙艺设计大赛启动仪式

2012 年 7 月 28 日，2012 新浪乐居·里斯戴尔杯第四届全国室内墙艺设计大赛启动暨设计师执业发展规划研讨嘉年华在上海隆重举行。

新浪乐居·里斯戴尔杯全国室内墙艺设计大赛创建于 2009 年，大赛从创建之初至今一直秉承着“设计引领未来　创意改变生活”的办赛理念，旨在推动室内设计界的学术交流，不断挖掘新生设计力量，并借助大众媒体平台有效传播设计界与社会各界的横纵向交流与互动。

同时，本次大赛的启动仪式以“设计之路如何走·大师与你面对面　”为主题，打造设计师职业发展规划研讨嘉年华，邀请了多位设计界的专家，如沈立东、陆洪伟、蔡智萍等多位设计大师，通过近距离、面对面，以主题简介和自由讨论的方式，与设计师共同探讨年轻设计师的成长问题，彰显了企业和主办机构的社会责任感。

## 中国国际家居饰品展览会金秋登场

中国国际家居饰品展览会作为每年 9 月在上海举办的全球最重要展览盛事——“中国国际家具展览会”（Furniture China）的六大主题展之一，已经连续举办 12 年，是亚洲领先的专业家居饰品类产品的贸易平台。

2012 年 9 月 11 日 ~15 日，中国国际家居饰品展览会于家具展同期在上海新国际博览中心 N3 馆举行。众多知名品牌携最新、最潮、最多元化的产品前来参展，掀起家居装饰、配饰秋季新风尚的发布热潮。

## Andrew Martin 国际室内设计奖 2012 年中国区启航

Andrew Martin 国际室内设计奖由英国著名家居品牌 Andrew Martin 设立，迄今已有 16 年历史。该奖项专门针对室内设计和陈设艺术的奖项，旨在为室内设计行业推介设计明星，并增强优秀室内设计师们应有的知名度，被美国《时代》等国际主流媒体推举为室内设计行业的“奥斯卡”，而 Andrew Martin 国际室内设计奖年鉴则被设计界誉为“室内设计圣经”。

2012 年 8 月 17 日，由北京安德马丁文化传播有限公司、上海领设计师俱乐部、优艺时尚、Georg Jensen、奥迪等品牌强强联手，Andrew Martin 国际室内设计奖在上海外滩三号举行发布会，以全新面貌重新登陆中国，包括与高端设计活动如北京国际设计周等密切结合；与国内设计、时尚类主流媒体全面合作；通过电视采访、网络及平面媒体报道、设计师个人作品展等形式；与房产、艺术、时尚等行业跨界互动。

大乔小乔
消失的光年

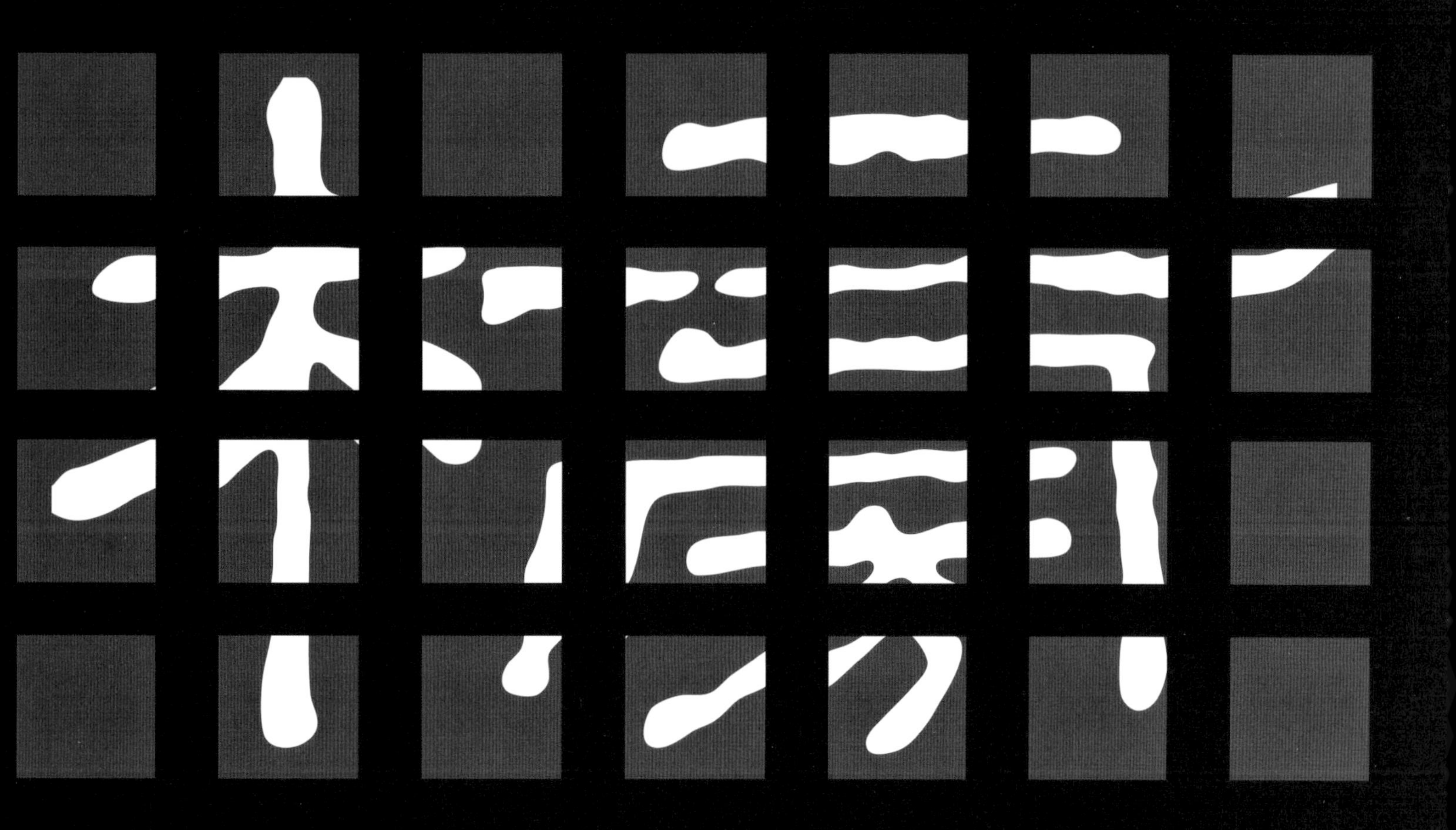

中国民用建筑设计
市场排名
2011-2012年度 正式发布

九年密切关注建筑设计市场
打造行业最权威排名
为政府和开发商提供决策依据
为事物所提供行业发展全息图景
为建筑师提供职业规划参照

**关注排行榜**
微博：di建筑行业排行榜 weibo.com/dilists
网站：www.dilists.com

**参加排行榜**
联系人：王正先生
电　话：021-64400372转8302
地　址：上海市徐汇区中山西路1800号4楼F1座 《di设计新潮》杂志社

**购买《排行榜》**
线上购买：didesigntb.taobao.com
联系电话：021-64400372转8201